如果明天就失业，你做好准备了吗？

黄大米 —— 著

35岁前就要思考的30个人生课题

中国致公出版社

图书在版编目（CIP）数据

如果明天就失业，你做好准备了吗？／黄大米著
. -- 北京：中国致公出版社，2020
ISBN 978-7-5145-1686-9

Ⅰ.①如… Ⅱ.①黄… Ⅲ.①成功心理 - 青年读物
Ⅳ.① B848.4-49

中国版本图书馆 CIP 数据核字 (2020) 第 122828 号

著作权合同登记号：图字01-2020-4680
本书通过四川一览文化传播广告有限公司代理，
经台湾宝瓶文化事业股份有限公司授权出版中文简体字版本。

如果明天就失业，你做好准备了吗？ ／ 黄大米 著

出　　版	中国致公出版社 （北京市朝阳区八里庄西里 100 号住邦 2000 大厦 1 号楼西区 21 层）
发　　行	中国致公出版社 （010-66121708）
责任编辑	方　莹
特约编辑	吴　铮
装帧设计	蔡小波
印　　刷	天津光之彩印刷有限公司
版　　次	2020 年 10 月第 1 版
印　　次	2020 年 10 月第 1 次印刷
开　　本	880mm×1230mm　1 / 32
印　　张	7.5
字　　数	120 千字
书　　号	ISBN 978-7-5145-1686-9
定　　价	45.00 元

（版权所有，盗版必究，举报电话：010-82259658）
（如发现印装质量问题，请寄本公司调换，电话：010-82259658）

前 言

这个时代,信兴趣得永生

"买房子呀?买不起啊!别想了。"

"生小孩呢?要再想想。我小的时候,爸妈带我出国玩,吃遍美食大餐。我给不起小孩这样的生活。看自己的小孩过不起好日子,我会很内疚。"

第一次听到七八年级学生这样的说法时,我内心是震惊的。对于要不要房子、孩子、车子,他们给我的答案都是"不是不想要,是要不起,所以不敢想"。

因为负担不起,所以不要,无能为力之下,万般皆可抛。

于是，人们便无欲无求，随遇而安。吃饭？有得吃就好了，吃什么无所谓。穿衣服？有得穿就好了，好不好看、是不是名牌无所谓。买房？父母帮忙买最好，自己买不起也无所谓，不追求、不计较。低欲望到如出家。

只要你还会"想要"，就是有梦的人

年轻人表面上看起来统统无所谓，但有趣的是，骨子里面，他们对于在乎的东西会更积极、更投入，如学语言、打游戏、出国玩、吃美食等。他们看破红尘，却对最在乎的事情特别偏执。我都笑他们是"信兴趣得永生"，只要谈到他们想做的事情，眼神会突然像漫画主角一样有五角光芒，双手挥舞，热血地说着："对对对！这很重要，这太酷了。"

他们追求工作、生活平衡，六点准时打卡下班，人生从黑白变彩色——有的去学韩语，有的去练兵器，有的赶着去参加漫画迷聚会。想做的事情，就算是熬夜或者把积蓄花光也可以。

我认为每个世代的人都有梦想，只要你还会"想要"，就是有梦的人。上一代的人追逐大成功、拼搏买房，不是这世代的孩子的梦，他们重新定义自己的成功，不用全民拥戴，只要自己或者一个小群体觉得厉害就够了。

没有谁的人生是完美无瑕的

在不同的专业领域，如财经、地产、法律等，有很厉害、很权威的专家，但在人生的课题上，无论是职场或情场都没有专家，两性专家常被嘲笑后来都离婚，职场专家也会失业。没有谁的人生是完美无瑕的，无论多厉害的人，职场这条路，大家都走得起起伏伏，甚至颠颠簸簸。情场也是如此，有时笑、有时哭，无限循环。没有谁一生顺遂，就算"你爸有钱"，也不可能让你高枕无忧。

我有个朋友，家境非常富裕，法律系毕业后，先娶妻生子，人生进度超前。刚结婚的前两年，他专心准备律师特考，这期间，他不愁吃不愁穿，身上扛着家里超大的期待。"期待"两个字代表"只许成功，不许失败"，像是在玩掷骰子，你只能掷出满分的六点，假如掷出一到五点都是丢人，压力破表。更惨的是，太太的家人对他没有工作这事很不谅解，不断地冷言冷语。一事无成千斤重,他百口莫辩,只能沉默。

有一天,他走入星巴克想买杯咖啡,店员随口问一句:"先生,方便跟你要张名片吗?"名片?!他没有工作,哪来的名片。他多想有一张可以立足社会的名片啊!太刺心、太痛了,他受伤又难堪,恼羞成怒地走出店门,从此再没有踏入住家巷口的星巴克。

讲这个故事是想跟你说:人生不是有钱就没烦恼,万般皆得意,日日好顺心。不是这样的,没有钱的人,烦恼的是钱;有钱人烦恼的事,连钱都没办法解决。

心灵鸡汤加苦口良药,增生现实抗体

这本书分为三大主题,分别是"职场力""梦想力"与"感情力",这是支撑我们人生的三元素,一如阳光、空气和水,缺一不可。

· 职场力

在低薪、不景气又低欲望的时代,同样三十岁,有人月薪不到三万[1]，也有人月薪冲破十万。差异点不见得是努力与否，我看到的年轻人都蛮努力的。关键点往往是"选择"，你会成为怎样的人，走上哪条路，都是每一个小小选择一环又一环相扣出来的。要拿下高薪，在职场上该如何去要钱是关键，书里将告诉你，爱钱的人如何跟老板要钱、赚高薪及面试谈判的武功秘籍。

· 梦想力

"梦想"是我很在乎的篇章。在人的一生中，"梦想"两个字将牵住你的灵魂，驱动你的身体走向企求的桃花源。以我个人来说，"梦想"是撑起我一个人只身在台北发展的鹰架：在情绪上，忍受背井离乡的孤单寂寞；在金钱上，付出高额的房租，吃难吃又贵的外食；在娱乐上，看着在家乡发展的同学年假时去外地旅游，我却忙着抢返乡车票，回家不是玩乐，回家是想念，是身心安顿的放松。台北不是我的家，却是我做梦的地方，即便曾经薪水稀少到像在做功德，我也甘之如饴，这就是梦想的魔力。

---

[1] 1元人民币≈4.6438新台币，本书所说薪资均为新台币。

过去很少有励志书跟你说圆梦后的真相是什么。圆梦后，从来不是彩带飞舞，从来不是世界就此一片光亮的，那叫作拍电影，叫作广告，虽然催泪感人，却不是真的。梦想实现后是什么样子呢？你慢慢看这本书就会知道。那些别人没告诉你的残酷事实，我会一边喂你心灵鸡汤，一边让你吞下真实世界的苦口良药，两样一起搭配服用，适口性佳，同时让你产生"抗体"，拥有向梦想前进与修正脚步的力量。

·感情力

至于感情的部分，身为一个情路坎坷的人，加上身边有很多感情一言难尽的朋友，怎么可能不谈这段呢？不提情字这条路，不就白白吃苦了吗？我们一定要苦中作乐，在每条艰困的石子路上，找到藏在里面的宝石。这些宝石来自每次失恋大哭，彻夜听着情歌、喝着啤酒却无法把自己灌醉后的沉淀；又或是暧昧许久以为喜获真爱，结果却被耍了一场。在又窘又怒时，用揪心与磨心琢磨出了"了解自己要什么"的硬道理，最后筛选出相处起来最舒服、最适合的人，就算不符合社会期待也没关系，社会价值根本不用太理会。

人生没有标准答案（异常重要，请说四次）

　　无论你的梦想是什么，只要是你的梦，就值得去追逐。我写这本书，是把这辈子一路上遇到的"珍禽异兽""独特人种"，从记忆的大包包里面，一只一只地抓出来，写下这些"怪物"是如何做选择，让人生绽放光芒的。他们有的是很年轻就当上总经理，也有为爱不顾一切抛下主播位置的美女，也有不到三十岁，薪水就冲破十万的职场冒险王……我把这些动人的故事写出来，用轻松中带点幽默、嘲讽的笔法，去偷渡我藏在故事里的大道理，希望这些故事让你在面临人生抉择时，为你提供多点思考或者参考，而不是标准答案，不是标准答案，不是标准答案，人生没有标准答案——因为很重要，所以要说四次。

　　书里面的故事，八成以上都是真的，故事为了保护当事人以及相关人等做了局部修改，游走虚实之间，情节曲折离奇也动人。上天是最好的编剧，非常感谢这些"肉身菩萨"的牺牲、奉献，把自己的血泪经验，透过我的文字拿出来晒一晒，让更多人不用傻傻走错路。

　　在我动笔时，每只有故事的"怪兽"都在我的大脑里面拍动翅膀,大喊着:"写我写我写我啊,你快点写啊!"每每写完一只,我内心就会松一口气。被写完的"珍禽"就从我大脑里飞走,被压在文字的雷峰塔下,乖乖地睡在那里,等待被印成书本,等待被看见,等待与你心灵交会。

目 录

职场力

002	职场最强加薪术！善用两大绝招，赢得你想要的
009	加薪时"心口难开"，也许你会当"穷鬼"
016	所有同事都讨厌她，为什么主管却很喜欢她？
024	为什么能力好的老职员，升迁却常被跳过？
031	你的竞争力，不该是物美价廉
036	月薪二十万的总经理帮忙打杂？不为老板，是为了自己
044	你的专业，不是让人家免费用的
049	我念在职硕士研究生的最大收获：人生赢家也会走下坡
054	如果明天就失业，你做好准备了吗？
060	人生赢家从天堂堕地狱！职场老职员当心一步错，全盘输

梦想力

068	做人生的海贼王,"万变"胜于不变
074	不怎样的二十五岁,没有企业理你,如何逆转?
084	梦想是动态的,圆梦后是失落……和挑战!
092	一场心脏病的领悟:心境,决定你的处境
097	自己的前途,自己顾!跳槽找伯乐前的三点评估
105	当你自己够强,还能帮助别人,人脉自然广博
114	别怀疑,上班第一天,你就要设定离职日期
132	三十九岁当科技大厂总经理,他说:"我没有梦想,我只追逐有趣。"
142	有些人天生不适合婚姻、不爱小孩,在追梦中找到自我价值
148	当红主播为爱辞工作!爱情,能当成人生大梦吗?

感情力

156	"分期付款"告白必杀技,轻松让对方点头答应
163	"东区复制人"女友再美艳,比不上朴实的陪伴
170	你会想要嫁入豪门吗?
176	牵手、拥抱统统有,为何就是不愿意交往?
183	"早安哥"照三餐传贴图讨女孩子欢心,看似老实,其实不简单
189	找真爱有三宝:摩托车、出租套房和吃到饱
197	女主播逃婚的体悟:"爱不持久,恨能永远套牢。"
203	分手后,你就是"最熟悉的陌生人"
209	你一个人住?要学会这五招自保术
219	好好爱自己,才会有人爱你

职场力

职场最强加薪术！
善用两大绝招，赢得你想要的

你想要什么，就得开口说出来，虽然讲了不一定能成，但不讲就一定没有。

"有钱解千愁，没钱万事难。"萱萱的年历手册，每一本的第一页都写着这句话。她爱钱的程度已经到了朋友皆知的地步，钱是她的百忧解，也是自信的来源。有一次，她边看报纸边摇头碎念着："怪了，报纸上写着这个多金企业家因为在太太身上闻不到钱的味道，所以才爱上她。怎么会闻不到钱的味道呢？钱很香耶！"

萱萱开口三句不离钱，连讲的笑话也都跟钱有关。朋友们一致认为,她简直可以创立一个"爱钱教"了。

想加薪,加倍努力是关键

萱萱也是我看过最会要薪水的人,她最常说的话就是:"我很爱钱。"

很多人一提到钱就好像讲到什么不光彩的事情似的,要么低语,要么在角落谈论,能像萱萱这样把"爱钱"讲到犹如自己的姓氏的人,还真少见。她常常大笑说:"我是钱嫂耶!"

她挂在嘴边的口头禅,每一句都很经典:

"哎呀,钱少了,上起班来没劲啊!上次那份工作的薪水谈低了,到了发薪日刷本子,我好伤心,想说忍耐了一个月做牛做马,还被老板骂,才这样一点遮羞费啊!"

"我的业绩达标了,该去找老板谈钱了吧!不去谈是亏待自己,我连班都上不下去了。"

萱萱的职称是"营销总监",负责公司的会员经营与营销业务。她的老板就像大部分的老板一样,都很有梦想与理想,常常随口就订出一个超高难度的绩效目标来展现格局与眼界。

例如，老板要求在四个月内让会员人数增加五万人，而营销预算为零元。这项天神等级的要求，翻译为地球话就是："你领我的薪水，你得想办法，不然就得滚。如果还要我给营销预算你才能达标，那我干吗请你？我找任何一个阿猫、阿狗都可以啊！"

在萱萱之前阵亡的阿猫、阿狗不计其数，漂亮的总监头衔与破十万的高薪常常诡异地虚位以待，梦幻的绩效目标太难达到了，大家连椅子都还没坐热便丢出辞呈，跟有梦最美的老板说再见。

征战职场十多年的萱萱就任这份新职务时，内心也很抖，但一想到月收入可以堂堂冲破十万大关，就有了拼搏的勇气。

"反正如果做不到绩效，我也骗了几个月的薪水，拿到漂亮的头衔，怎样想都不吃亏。"萱萱看事情，总能一秒分析出利弊得失，脑袋很清楚。

到职之后，她每天都抱着压力和数字睡觉。在日夜拼命下，业绩神奇地达标了！

老板很开心，买了杯咖啡请她喝，拍拍她的肩膀鼓励说："萱萱啊，你很厉害，能力超强，当初面试你的时候就觉得你很不一样。"

和乐的气氛最适合展现本性了，萱萱"打蛇随棍上"地说："哈哈哈，谢谢啦！报告老板，我最爱钱了，什么爱的鼓励，我可不稀罕。哎哟！我最爱钱了。如果你用钱肯定我，我会表现得比现在更好喔！"

这么直白的说法让老板呆了一秒，然后他打哈哈地说"好"。但在呆掉的这一秒，他也了解到，要讨好这个"绩效天后"，不用废话，就是给钱。

谈加薪，"绩效至上"是重点

春夏秋冬，一年过去，高绩效让萱萱对薪水的期待更高了。她明白机会不是用等的，机会要靠自己创造才会快。"跟老板要钱"这件事，她熟练到手起刀落眼不眨，明快到像在道个早安，不久之前才听她说想要谈加薪，没过几天，聊天的话题就转为"我去找老板谈完了"。

"这么快？结果怎么样？你是怎么跟老板讲的啊？"

萱萱哼笑了一声，我晓得她成功了。接着，她告诉我行走江湖的两大绝招。

- "加薪术"第一绝招：整理过去的战绩，最多两张A4纸

"我整理出一份资料，里面写明了这一年来，我替公司达标的案子、会员人数与业绩的成长数字等。"

战士上场，盔甲、刀剑俱全，萱萱把数字当勋章写在两张A4纸上，白纸黑字，清楚明晰。

我翻翻她那两页"讨薪水"战绩表，问她："为什么你不多写几张？"

她喝了口咖啡，以一种老成的姿态利落地说："写很多张？你当老板有美国时间看这些资料和听你报告吗？两页A4纸已经是极限了。"

果然行在江湖，人性要懂。

- "加薪术"第二绝招：许老板一个有具体绩效的未来

除了拿战功来换钱之外，萱萱的第二个大绝招是：许诺老板，她未来的项目会提升多少绩效。

"'白发宫女话当年'是没有人想听的。不管过去的绩效再辉煌，都过去了。老板对员工表现的记忆力比鱼脑的七秒还要短。想跟老板要钱，就得对他承诺未来。你这匹耐力强的驴

配得起他多给的红萝卜，他才会愿意付出更多来养你。"

后来，萱萱成功地加薪一万元。她庆祝旗开得胜，跑去买了七万元的名表犒赏自己。靠自己的女人最有魄力，血拼时不用看别人的脸色，人生好痛快。

工作，挣钱是第一目的

在职场上，你想要什么东西却不开口，狂演内心戏，只是徒增沟通成本。

至于怎么讲才能把自己的需求漂亮地表达出来，建议你可以找好朋友彩排一下。无论是演技多厉害的演员，在正式录像前也会彩排几次，还不见得可以一次OK，更何况是凡夫俗子如你我。若想在谈加薪时言辞顺畅、条理分明，甚至唱作俱佳，多彩排准没错。

"谈钱＝肮脏＝现实＝不乖"，这个观念是很多人不敢去要钱的主因。其实勇敢地为自己谈加薪，真的不会让你黑掉。在职场上，无利用价值的人才会变黑，躲在角落玩沙的往往是乖乖牌，主动的同事可以溜滑梯、荡秋千。敢争、敢抢又有能力的人，玩得愉快又尽兴。

大家工作就是为了赚钱，没钱的工作叫作"志工"或"义工"，所以通过自身努力谈钱与明确表达爱钱是合情合理的。你想要什么，就得开口说出来，虽然讲了不一定成，但不讲就一定没有。

萱萱曾经问我："你知道什么样的小孩最可爱吗？"我摇摇头，一脸不解。

她眼中闪耀光芒，俏皮地说："印在钞票上，那四个看地球仪的孩子最可爱。"

"白发宫女话当年"是没有人想听的。不管过去的绩效再辉煌，都过去了。老板对员工表现的记忆力比鱼脑的七秒还要短。想跟老板要钱，就得对他承诺未来。你这匹耐力强的驴配得起他多给的红萝卜，他才会愿意付出更多来养你。

加薪时"心口难开",也许你会当"穷鬼"

期待主管能心电感应知道你在想什么,这难度也未免太高了。

"老板,再来一盘海瓜子,还有炒地瓜叶。"

热炒店是个让人放松的地方,小恬和我相约在此。好姐妹很久没见面了,她却一副闷闷不乐的样子。

菜还没点好呢,小恬刚坐下来便向我诉苦。"我最近才听同事们说,跟我同期进公司的肥仔城从上个月开始加薪五千。"

加薪这么私密的事情,怎么会搞到大家都知道呢?

原来人总是爱炫耀的,自己的身价提升了,难免会找亲近的好友说说嘴。薪水这件事是大家听进耳里，感受放在心里，觉得不平衡的人就会传出去，一传十，十传百……最后，成了同事们之间公开的秘密。

知道肥仔城加薪后，小恬感到很不平。"我们两人明明资历相当，凭什么调薪没有我的份？"

听她这么抱怨，我反问："你有跟主管讲吗？"

她嘟起嘴，没好气地说："我不敢。这种事可以主动去说吗？主管不是应该看到我表现好，就主动帮我调薪水吗？自己去要钱，感觉很厚脸皮。"

小恬真是职场童话看太多，哪个主管会每天想着要不要帮属下调薪呢？也许真有这么体贴又大方的主管，但我没遇过就是了。

"为什么肥仔城可以加薪？"我问。

小恬愤愤不平地说："他就是很会吵啊！听说他告诉我们主管说房租涨了，在台北很难过日子。如果不加薪，他就要跳槽。"语气带着满满的不屑。

『薪水』领得多或少,不是在比谁为公司付出了多或少,而是『会吵的孩子有糖吃』。要是连你都愿意委屈自己了,别人当然也更敢对你刻薄。

职场上，不是乖乖等待就有糖吃

工作就是要赚钱，不是做慈善。虽然人人都明白这个道理，可是等到要跟老板谈加薪时，往往会变得胆怯。

怎样的人在薪水上最容易被亏待呢？从小很乖巧、认真又负责的孩子，容易成为职场怨念最深的人。小时候，常听大人说："不能向别人讨东西。""我说好，你才可以拿。""你乖一点，我就会给你糖果吃。"这样的人在长大后，也毫不怀疑地把"乖乖等待就有糖吃"这一套童年经验，拿来当作职场的游戏规则，等待被奖赏，等待被给予，等待被加薪，等待顺顺利利地晋升主管……

可惜的是，这种"梦幻职场"根本不存在。

以肥仔城调薪的事情来说，无论他是否拿"房租调涨"为理由向主管要求加薪，这薪水都是他自己要来的。他赌了一把，而且结果他得到了。

小恬却只敢默默演内心戏，开不了口。期待主管能心电感应知道自己在想什么，难度也未免太高了。

看着她一脸沮丧的样子，我不由得回想起自己以前也有过类似经验……

我刚踏入职场还是个新手时,也曾接受过震撼教育。阿元和我同时期进电视台,都领三万二的薪水。半年后,他说想去找台长谈加薪,我被吓到了,心想:可以这样做吗?他好勇敢,我可不敢。

阿元没想太多,唯一的准备就是要我拿一个加菲猫娃娃扮演台长,那天下班后,我们找了一间没人的办公室,两人演练着要求加薪的攻防。

阿元说:"台长,我来这边半年了。"

我舞动着加菲猫的双手,装作台长问:"嗯。怎么样呢?"

阿元说:"台长,我好穷喔!薪水都不够用,快没钱吃饭了!"

我这个加菲猫伪台长感到震惊,退后三步说:"我这边有一百块,给你买便当……"

没想到这样笑闹着演到一半时,台长真的走进来了!见我玩弄着加菲猫布偶,她甜美地笑着问:"你们在干吗?"

阿元见机不可失,择日不如撞日,立刻对台长说:"台长,我有点事情想跟你谈,好吗?"

我愣愣地看着他走入台长办公室。后来,他调薪了三千元。

而工作比他更卖力,更听话的我呢?我一直在等待,等台长良心发现,主动给我加薪……然而,一季盼过一季,直到我跳槽前,这件事都只停留在想象里。

我这才明白"薪水"领得多或少,不是在比谁为公司付出了多或少,而是"会吵的孩子有糖吃"。况且,要是连你都愿意委屈自己了,别人当然也更敢对你刻薄。

要权益,只有你才能帮自己争取

如今我自己身为主管,老实说,大部分的时候在思考的是:业绩做不起来,该怎么办?下次开会,我会不会被"钉"?那个就算观世音菩萨下凡来做都不会成功的项目能不能取消,不要执行了?……

没错!我只想到我自己。光是烦恼自己的前途,以及如何与上头的大主管应对,就够我烦心了。午夜梦回时,就算想到"薪水"两个字,想的也只是我自己的薪水,绝对不会是属下的薪水。

因此,假如你不开口为自己争取,加薪这件事很难顺利轮到你。

"加薪时心口难开症"在职场上比感冒还流行。若想要薪水高一点,第一步请先改变你的想法,勇敢地开口说:"对,我就是要加薪,我要加薪!"

所有同事都讨厌她，
为什么主管却很喜欢她？

职场上的升迁，不见得是按照先来后到的顺序，而可能是"谁最具资格"。

"你说说看，我是不是全台湾最年轻就当上主播的人？"

小绿以上扬的语调甜甜地问我。才二十五岁的她刚当上假日兼任主播，平日跑新闻，可是到了假日，众家记者称羡的主播位置就换她坐。我被她骄傲的神情与直白的问题震慑住，接不了话。

说来也难怪她骄傲，她可是在学生时代就出了名的校园美女。套句她常说的话："我不觉得我是幸运耶，是刚好而已。"对啊，中了基因乐透当然也是一种能力，而且别人还学不来。

小绿有外表，同时也有脑，她不但文稿写得好，对于资源与人脉的事情看得更是透彻。

举例来说，记者出国采访机会的分配，往往都是按照各自所跑的路线来划分，同公司的记者们也都依循着这项游戏规则与江湖道义。但小绿可不管这些，有的企业搞不清楚记者有分线，询问她能否出国采访时，她总会笑脸盈盈地说："哎呀！这次的出差交给我来汇报给公司，一定没问题。我这么帮你，你不能再找我们公司的其他记者喔，不然我会很失望的。"

然而，把消息汇报给公司时，她的说法是："那家企业和我很熟，所以才给我独家。假如不是我去，他们就不邀请我们这家媒体，要把独家给别人了。"

就这样，许多远赴英国、法国、瑞士甚至丹麦的出差，都是小绿去的。

至于采访的成品如何，坦白讲，做得还真好。主管一向是"以成败论英雄"，既然收视率高，那么就让小绿多出去表现表现，总比交给不靠谱的新手安心。

在利大于弊之下，小绿借工作之名周游列国，护照里的章盖得满满的，脸书的打卡地点也闪闪发光。

不过，小绿的言行让同事们议论纷纷。大家下班后去聚餐时，主题就是痛骂："那个女人踩线踩得好过分，净抢好差事！"

众人的反感，小绿看不到；同台女记者与女主播刻意的闲言闲语，她也充耳不闻。因为她面前的目标很清楚，只有两个：一个是当主播；另一个则是在当上主播前，利用采访的机会尽情地环游世界。

三种视角，看清职场的游戏规则

凭着出色的才华与明确又坚定的意志，小绿在这家电视台当记者还不到半年，竟然以新手之姿堂堂登上了主播位置，尽管只是兼任的假日播报，却超越了大半的老职员。为什么像她这么遭人怨的人，却可以顺利坐上主播的宝座呢？

以下就从小绿本人、她的主管与同事等三个视角来分析，让你看清楚职场的游戏规则是如何运作的。

·小绿的视角:为达事业目标,可以"不择手段"

"我从大学时期就决定要当新闻主播了,不然干吗放弃展场show girl的高薪,跑到电视台当工读生赚少少的一百多元时薪,就是为了建立人脉啊!"

小绿心里清楚得很,主播是赚青春财。当然也有人播报了一辈子,但她不见得是那个幸运的人,她认为必须趁年轻时快点得到这个位置。

"我跳槽的时候就跟面试的主管说要当兼任主播,不然我就不来上班。"

的确,在职场上谈条件,从面试的时候就要开始。

"如果你早已有了想要争取的目标,可不是等录取后才来苦熬的。那样虽然也能拿到,但要花太久、太久的时间啰!若有电梯可以搭,干吗要爬楼梯?至于出国采访的事情,是主管要让我去的。不开心的话,就去跟主管说啊!就算在背后讲我闲话,也不能阻止我出国采访。"

小绿在事业上的目的性很明确。因为她很清楚自己要什么。

·主管的视角：不看老手或新手，只看实力

"小绿虽然还是新手，但她很有企图心。记得当初她来面试的时候就说薪水好谈，唯一的条件是她要当主播。在台前播报新闻，只要漂亮、上镜头，就有一半过关了。再加上她的口条好、反应佳，我还真看不出她有哪里不适合。"

面试时，小绿并未漫天要价地谈加薪，只表示要有个播报新闻的机会，而这也算合理的要求。薪资往往才是公司最在乎的成本。

"给新人一个机会播报，一方面不会增加成本，另一方面，要是报得不好再把她换下来，对公司来说也没什么损失。而假如她播报得好，我们就赚到一个潜力股主播了。"

遇到有企图心，脑袋又清楚的求职者，不管是哪个主管都会录用吧！至于爱踩同事的线、大家都讨厌她这部分，主管不一定会在意。

"一个记者出国采访所做的新闻都很好看，有实力，就够了。不给这种有实力的去，难道就为了谨守分线原则，而派给一个只会让我担心的人吗？要是这种重要的出国采访多出错几次，我自己的位置就不保了。"

主管看的是绩效与能力。不管黑猫或白猫，要能抓老鼠的

才是好猫啊！

· **同事的视角：一切要依先来后到的顺序**

"我们真的都很讨厌小绿，因为我们排队等着上台前播报等很久了，每天这么认真地跑新闻，却始终得不到机会。她凭什么才来没多久就能接主播的位置。漂亮就可以当主播吗？那新闻的专业在哪里？她懂'立法院'生态吗？她懂财经吗？什么都不懂，只会狂踩线，争取出差机会。我们对她都很不屑，无奈主管就是喜欢这种人。在我们心中，主播的地位是很高的，要有专业能力，否则只能算是花瓶主播。"

平常买东西看到有人插队，他会引发众怒并被喝止。小绿翩然飞上枝头当凤凰，就像是那个插队的人，乖乖排队的同事们一定都觉得不公平。

可惜的是，职场上升迁，不见得是按照号码牌的顺序。

"公平"二字，在同事之间的定义是"长幼有序"，但在主管心中，可能是"谁最具资格"。

大声说出你想要的，才对得起自己

这三种视角截然不同，真要说谁有错，实在很难。

以小绿与同事之间视角的差异来看，除了对于"踩线"一事的"爱恨情仇"之外，核心的部分是关于"主播"职务的定义，双方的认知有很大落差。小绿认为主播工作是青春财，够年轻才够"吸睛"，所以这份职务对她来说确实是"花瓶"。但是，对于认真跑新闻的同事们来说，主播有其专业性与权威性，并非花瓶，而是新闻的"桂冠"，必须有实力的人才能摘下。

事实上，这两种类型的主播都存在，由于属性不同，因此职业寿命、薪水，以及社会公信力也大大不同。小绿可能早早就达到了目标，接着便闪电转业或者结婚去；而认真跑新闻的记者如果上了播报台，也许就能成为重量级的主播，虽然卡位卡得慢，却可以一直播报到四五十岁。

很多人都说进入职场后，真正要圆梦很难，这倒不见得。对小绿而言，她的愿景就是当主播，所以学生时代薪水高的展场show girl工作，比不上建立人脉基础重要。每一场面试都推动她更接近自己的梦想一点点，同时，她诚实地大声说出了她想要的，非常对得起自己。

条条大路通罗马,至于是直线抵达还是绕了很远的路才到,最大的差异点,恐怕是你对未来的职场愿景有没有一步一步地规划好策略。

为什么能力好的老职员，升迁却常被跳过？

如果你只是以同一套方法用十年，十年只如一年，那么你的可替代性很高。

晚上七点半，川菜馆内人声鼎沸，小梦和小雯一下班便赶来跟我们吃饭。她们俩在同一家公司工作，刚迈入社会没几年，上班对她们来说像是发现新大陆，只要遇到了什么光怪陆离的事情，谈论起来就难掩兴奋。

"你们说猛不猛，我们部门的主管要离职了，公司居然决定让一个才来半年的新人小呆升上来。那些资深的同事们简直气歪了，扬言要抵制她，让她做不下去。其中原本升官呼声最高的阿美姐还直接跑去找主管呛声,问主管为什么不是升她。"小梦才刚坐定便迫不及待地爆起公司最近的热门八卦,先把话说过瘾,让情绪跑出来透透气,吃倒不是重点。

小雯接着补充说:"阿美姐去谈判那天,脸超臭的。她进公司五年了,当副组长这三年来,组长的位置空出来两次都不给她。你们说妙不妙?"

她吃了口宫保鸡丁,即使被辣椒呛到了也停不下嘴,喝了口茶就继续说:"反正每次都不是阿美姐升上去。上一回,老总跑去挖角对手公司的主管来补位。这次的场面更难看了,居然把位置给新手,她就轰地爆炸了,跑去找大主管大吼说:'这太不公平了!如果真的让小呆升官,我就要离职!'"

小雯动作夸张地把双手张得好开,仿佛只有这样才能具体描述出"爆炸"的威力。

我摇摇头,心想这两个人聊起阿美姐的背后话这么开心,想必她们内心对这位资深的前辈也有什么不满吧!

"你们喜欢那位阿美姐吗?"

一听我这么问,小雯和小梦立刻默契极佳地异口同声道:"讨厌死了!"

原来，阿美姐虽然能力不错，但是遇到别人向她请教事情时，回应的方式却极为令人厌烦，而且她根本是故意让人讨厌她的。

例如，她常开启"你很蠢"的回答模式。"怎样啦！那不是说过了吗？啧，都来这么久了，相同的事情到底要我说几次？"不耐烦的口气加斜眼看着你，毫不掩饰"你很白痴，怎么会来打扰我"的反应。

脾气差外加脸臭是阿美姐的特色，即使对大主管，她的态度也始终如一。这一招的确让她少了很多麻烦事上身，毕竟谁都不想看臭脸，不过，却也令同事们记恨在心。

另外一点，则是基于专业度的考量。公司近来积极发展电子商务，阿美姐的专业并不在这个领域，而新人小呆在知名的电商网站公司工作过，很懂得透过网络影片引导消费者购买商品的技巧，大主管当初录取时就很看重她这一点。

此外，尽管小呆进公司才半年，但她的工作态度积极又认真。相比之下，阿美姐虽然已经是有五年资历的老职员了，专业能力却始终在原地踏步，不仅看不出她有想积极地让自己进步的表现，而且她的工作态度也令人摇头。

公司有三大考量：态度、能力与发展

资深员工很容易成为公司里怨念最深的一群，常常在下班后群聚吃饭，抱怨自己对公司不离不弃，却被当成"傻瓜"。

事实上，在升迁与加薪的事情上，公司方面大致会有以下三个考量。

一、工作态度：主管会考量对公司运作的整体影响

许多老职员仗着自己能力好或自认够资深，而出现傲慢的态度，甚至对老板也不客气。要知道，老板忍耐你是因为你还有用处，但不代表他愿意受气，看你的脸色。以阿美姐来说，像小雯和小梦这等新手都因为不想看她的臭脸而退避三舍，想必大主管更反感。

主管的考量除了出于个人好恶，更重要的是要顾虑对公司运作的整体影响。万一阿美姐当上了组长，会经常与高层主管们开会。面对爱摆臭脸的她，大主管的尊严要往哪里摆？此外，万一需要进行跨部门的项目合作，以阿美姐的人格特质，恐怕会引发其他部门不满，甚至直接加以行政抵制。或许，这

些也是阿美姐始终无法升职的原因。

二、专业能力：空出来的位置，需要的是能立刻补上的人

能力与资历不见得有绝对关系，不然就不会有"后生可畏"这句话了。空出来的位置需要的是能立刻补上的人，这是多数公司老板在挑选人才时的想法。

有企图心的上班族该常常思考："我和我的主管在专业能力上还有多少落差？""我该多学些什么？或者进修什么？"抱持着这样的心态，补位的机会自然就大。

三、公司发展：全新的领域，新人可能比老臣更适合

一家公司在面对大环境的挑战时，会考虑转型、发展新的事业等，在这种情况下，不见得会派任身边资深的员工担任领导。

跟随在身旁的忠心老臣虽然是可信任的心腹，但既然是新事业，很多时候是全新领域，老臣的专业与长才不见得适合。如果领头羊自己都很迷惘，要如何率领新团队走对路？整个团队"迷路"的概率大增。相反地，在全新的领域，市场上总有些做得还不错的人才,直接高薪挖角熟手来带领,会更快让新事业站稳。

例如,曾经有家报社想买电视台,竞标之前,董事长就先去挖角电视台的高阶主管,因为光写企划就需要懂这个领域的人才,与这个领域的人沟通。不同产业沟通的专业语言,差异颇大。

一个产业认为急迫且重要的事情,在另外一个产业看来可能毫无意义,从事不同产业犹如住在不同时区,有自己的语言与生存节奏。

高薪挖角关键人才,减少耗损,对企业而言反而是节省成本与降低风险,即使是高薪聘请也花得值得。相反地,如果直接派任身边的老臣,看似便宜,却可能使资金血本无归,将风险拉高。

至于年资,有句话说得很中肯:"年资旳价值,上个月用薪水结给你了。"以在同一家公司待了十年为例,如果你只是以同一套方法用十年,十年只如一年,那么你的可替代性很高。

就像仓库每年都要盘点,在职场上当然也需要定期省视自己的能力。一年又一年地过去了,除了年纪和工作年资增加之外,你还为自己提升了什么?你每年增加了多少相关的专业技能？

　　假如年资愈资深，却愈玩不出新花样，那是你变得愈来愈依赖公司，而公司也就愈来愈能吃定你。只有自己在扎实的基础上不断求新、求变，才可以让公司少不了你，你也才能够拥有"此处不留爷，自有留爷处"的本事与洒脱。

你的竞争力，
不该是物美价廉

比起薪水低廉，用到有战斗力与贡献度的人，才是每个主管的梦想。

身为主管，常常需要面试求职者。有一次，我的部门需要一名设计人员，在收到的众多履历表之中，有这样一份资历：工作年资九年，过去都担任设计相关工作。看到这份履历的时候，我心想这位应聘者有这么久的相关专业经验，我大概有七八成的概率会录取她吧。但是真正与她进行面试之后，用她的概率直接降到零。

面试时，到底发生了什么事？

招聘时，主管可能有的两大疑虑

·疑虑一：她对薪水要求得太低了

薪水开得低，不好吗？资历完备，要价便宜，这不是每家公司都求之不得的事情吗？

当然不是！

举个例子：你今天想要买一罐可乐，可以接受的价格是十八元到三十五元。如果有某家的可乐只卖给你三元，你反倒买不下去，内心虽然会想贪图便宜，但更怕喝到过期的产品，因为喝到坏东西可能会生病、得看医师，甚至好几天无法上班，不但没占到便宜且还亏大了，因此，你会犹豫再三。

相同地，请了不适合的人进公司，可能会出现专业技能不足、品性不佳或沟通能力差等问题，不仅没请到帮手，还招来了猪一样的队友。光是训练新人所要耗费的心力都会让主管叹气说："不如我自己来。"

·疑虑二：她在先前的每一家公司都待了很久，却都没有加薪

年资深但薪水要求低，这会让我很犹豫，因为透露着她可

能表现不够优秀,导致薪资涨幅停滞。

在当前冷清的经济环境下,有些公司确实是长期冻薪,导致员工的薪资偏低。但是对于表现佳的人才来说,冻薪只会刺激人才出走,不会因此冻住双脚。照理说,假使员工表现不错,不仅自己知道,公司也很清楚,若公司长期不帮他加薪水,他自己也会去争取;争取不到,就可能会考虑挥挥衣袖走人,毕竟上班是要赚钱过生活,不是为了交朋友。

所以在职场中,只有刚毕业的新人可以把便宜当竞争力。对于老职员来说,便宜绝对不是优势。

一个只强调便宜的商品,客人往往也只会想用更低的价格购买。况且,就算求职者以低薪资成功抢到了位置,遇到的老板往往是贪便宜,不重人才的。自己已经降价求售了,却还不被当人才看,在日日是委屈的感受下,这份工作绝对做不久,每天上班数小时,每一分、每一秒都在磨心。

拿出专业的自信谈薪水

当你拥有一定的年资后,薪水不应该是一件"依照公司规

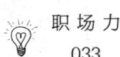

定"的事情，因为你有能力与专业，公司需求的也是这种能用、可用，甚至是好用的人才。既然公司主要考量的是找来的人是否适任，能不能创造更大的绩效，如此一来，只要你自己的专业性足够，薪水当然是可以谈的，甚至不仅能谈，还可以谈得很漂亮。

我听过一个朋友的例子，她担任公关经理许多年，在那个产业领域中，她几乎稳坐公关操作绩效第一名。后来，有对手公司向她挖角，开出了两倍高的薪水。光是这样已经很令人羡慕了，但她要的不仅是高薪而已，当双方条件谈得差不多时，她跟对方说她是个很重视家庭的人，放假都在陪小孩，在原本的公司有十五天的年假，希望新公司也能给一样的年假。

听到这个条件时，我很惊讶，忍不住问她："你不怕新东家不高兴吗？"

她自信地表示："他们之前一定评估过很多人，货比三家，最后选择我，可见这家公司很需要我的能力。"接着说："虽然我占有优势，但如果我一开始就谈年假，可能有点风险。等谈到最后再提出这个要求，对方已经投入了不少挖角沟通的成本，比较不会轻易放弃，我选择在这时候提出来，也是用过心思的。"

我大为惊叹，也佩服她的职场谈判能力。

愈是专业或难以觅才的管理职缺，任何一家公司都会愿意花愈高的薪水去聘雇，因为这样的人才，在求职市场上是可遇不可求的。如果稍微在薪资待遇上让求职者犹豫或觉得委屈，良禽立刻择木而栖，毫不客气地转身到另外一家公司上班，到时候要良禽回头或者再寻觅到另外一只良禽，还得再花上不少工夫，而这些寻觅的成本，对公司来说都不乐见。

那次应聘设计人员，最后我用了薪资开得最高的人，因为她具备我要的能力，不用再训练，直接便能上手，并且有能力承担最急迫的一项任务。

用到战斗力强与贡献度佳的人，才是每个主管的梦想，因为主管所承担的责任有人帮忙扛，可以减压，劳务上也轻省不少，这样才是超划算的。

别再以低薪抢职缺了。面试时，拿出你过去的战功，只要够彪炳到让人眼睛一亮，就能脱颖而出，抢下职务，薪水也能顺心顺意。

就算你以低薪成功抢到了位置，遇到的却往往是贪便宜，不重人才的老板。

月薪二十万的总经理帮忙打杂?
不为老板,是为了自己

把每一件不重要的小事都做好,可以逐渐累积出你对公司的重要性。

老朋友阿澄的年纪五十岁出头,在一家规模很大的进口家具公司当总经理,月薪破二十万元。尽管平常很忙,不过遇上朋友们聚餐,通常他无论如何都会抽空参加,这一回,大家饭已经吃一半了,他却还没出现。

我打电话给他,问:"你人在哪儿?会不会来啊?"

阿澄说:"我在忙。"

我继续追问:"忙什么?"

他没好气地回:"我在养鱼啦!"

养鱼?!我太吃惊了,忍不住损起他来。"养鱼?养什么鱼?是杯底不可养金鱼的那种金鱼吗?你转业啦?"

他急着收线,只说等等再跟我们大家讲。

终于等到阿澄来了,他才刚坐下就开始大吐苦水。原来是他的老板出国去了,但家里养的珍贵鱼种需要人照顾,老板不放心把上亿豪宅的钥匙交给外人,便要阿澄每天去帮忙喂鱼。一群朋友觉得太荒唐了,纷纷损他是"薪水最贵的渔夫""养鱼界的总经理"。

他又闷又气地说:"我真不懂,干吗叫我去啊?烦死了,公司的事情都做不完了,还得每天开车从内湖到新店的山上去养鱼。"

大家继续胡闹着赞叹他非常多才多艺。他接着说:"闷归闷、气归气,这条鱼我养了四天了,养着养着,我都快养出感情了,就给它取名叫作'海龙王',代表它是很娇贵的。"

此话一出,掌声四起,犹如演唱会的安可曲给全场带来高潮,同学纷纷拍手说:"你简直是把鱼当儿子养,是用感情跟生命在养鱼啊!董事长把鱼交给你真是太对了!"

看到阿澄这么气，我忍不住分享起自己的故事。

"你不要认为养鱼是做杂事，很委屈，以前我可是靠着肯打杂，打败了台大与留美、留英的高才生呢！"

要把杂事做好，也是有学问的

当时我大学还没毕业，就急着想进媒体工作，四处应聘，刚好宜兰的电视台缺主持人，找我去面试。那个节目是现场播出的，面试考题是"对着镜头一直说话不能停"。这可难不倒我，我从小的外号就是"哈拉王"，对我来说，一直讲话比喝水还简单。听我讲着讲着，面试的总监忍不住称赞："你真的很能讲。"

眼看录取的门票就要到手了，总监突然淡淡地说："除了当主持人，由于我们很缺人手，有客人来时，你可以帮忙倒茶水吗？"

我用力点头说："可以啊！你用主持人的薪水请我来帮忙倒茶水，我觉得自己很赚啊！"

总监笑了起来，就这样，我被录取了。

等我进公司后过了一段时间，总监才告诉我，当时要争取我这份工作的除了台大毕业生，还有从国外留学回来的本专业高材生。但是，其他人一听要"倒茶水"都面露迟疑，她觉得若连帮忙倒茶水都不肯了，以后会很难调度，所以开开心心一口说好的我，就成了她的首选。

阿澄问："那你没主持节目时，真的有帮忙倒茶水吗？"

我点点头，说："当然有啊！不过，打杂也是有分层次的。我很菜，只能偶尔帮忙倒倒水，比较资深的主持人则负责帮制作人泡咖啡。有一次她不在，这件差事落到我头上，眼见滤纸内的咖啡滴得很慢，我又急又慌，就去挤压滤纸，看到落下超多咖啡粉，我内心雀跃不已，觉得自己实在太聪明了，竟然可以想出这种速成的方法，于是得意地拿给制作人喝。谁知他才喝了一口就吐了出来，对我大喊：'真难喝！你到底有没有泡过咖啡啊？以后不要你泡了！'那时我才理解，原来要把杂事做好，也有学问的。"

从此，我就再也不用泡咖啡了。

听我说到这里，阿澄突然顿悟地说："你是暗示我把'海龙王'弄死，以后就不用养了吗？"

我大笑着说："我没这个意思。我怕你把'海龙王'养死了，你的前途会同归鱼（于）尽，一起陪葬掉。"

别急着抱怨，先想想这三件事

常听人抱怨："喔！那又不是我的工作，干吗叫我去做啊！""我是来当会计的，为什么还得支援那个项目？""为什么主管每次都叫我去订便当？是把我当小妹吗？"

关于这些闷气，有三个方向提供给各位思考。

一、肯做"分外"的工作，才能敲开升官、加薪的大门

主管都很在乎部属的配合度与沟通能力。比如说，在职务分配上往往有许多模糊的灰色地带，好像不属于任何人管，但没人做又不行。当主管请你帮忙去处理时，假使他老是听你拒绝："我很忙""这不是我的事""可以找别人吗？"就算一时不能把你怎么样，不过，遇到有升迁机会时，一天到晚拒绝"天外飞来一笔的任务"的你，名字就很难出现在升迁名单上。

想升职、加薪，不斤斤计较是很重要的一环。你的专业资历在面试时决定了你的薪资空间，你的态度将影响你未来的升迁。

二、老板请你做私人杂务，是对你信任的展现

你会请谁帮你上网购物还送货到家？你会请谁帮你遛狗？一定是你很信任的朋友吧！我的朋友阿澄能拿到老板豪宅的大门钥匙，帮忙照顾他珍贵的鱼种，这种看似打杂的任务，只有公司当红、深得老板信任的人才有机会负责，也表示老板已经把你当自己人了，不怕你知道他的家务事和琐事。

如果这样解释，你心头上还过不去，那么，有个职务你千万不要去应聘："特助"。"特助"这个职称听起来挺称头的，一般来说薪水也不低，不过说穿了，就是帮老板摆平事情、找门路与套交情的"打杂王"。

三、新人的专业力尚在培养，主管从小事观察你的态度

请新人做一些杂事，是因为新人的专业表现好坏，主管还没看到，便以帮忙送文件、订便当等琐事来观察其处理态度与应变能力。若你能把琐事都做得好，下一步他就会试着把重要任务交给你。

信任是逐渐累积的，把每一件不重要的小事都做好，可以逐渐累积出你对公司的重要性。

打杂、做分外的工作都是一时的，往往也只占一天工作时间的几分之几而已。我和阿澄肯做职务外的琐事，不是为了老板或者公司，我们都是为了自己。

阿澄已经五十多岁了，虽然挂着总经理头衔，仍有着高龄转职不易的隐忧，委屈几天养养鱼，求的是让自己的位置坐得够稳，让家人可以丰衣足食过日子。至于我在二十几岁时愿意去倒茶水，是想着只要愿意多做点琐事，就能从事自己喜欢的工作，是很划算的事情。

当分外的职务落到自己头上，你得身兼数职时，转转念头，想想自己是为了什么而工作的，就能使心中的委屈酸碱平衡一下。

你的专业资历在面试时决定了你的薪资空间，你的态度将影响你未来的升迁。

时间要花在值得的人身上,一直麻烦你做事的人,就要干脆地叫他滚。

你的专业，
不是让人家免费用的

你得练习勇敢拒绝烂人，坚定地说:"这我真的帮不上忙耶!"

做人即使再善良，也需要有一个底线，当这条线被踩到底时，耳朵会听到"啪"的一声，理智线断了，再也接不回去。

"写写写，你给我写。没在怕的，我就是要他知道老娘说的就是他。你一个字也别改，我就是要让他知道!"丽蓉怒火中烧地大骂着她口中的那个"烂人"。

该怎么说这个精彩的故事呢?从脸书打卡开始讲好了。

丽蓉是房地产界的名人，普通人打卡只有几个赞，但名人一打卡，连点头之交都跑来纠缠。那天，丽蓉在某家餐厅吃饭，一打卡，手机的讯息声响了，原来是仅见过一次面的朋友大明哥传讯来，讯息写着：

"我在一〇二室，这间有很多营造厂老板，你要不要来敬个酒？"

"敬个酒？！"这三个字让丽蓉从眼睛到心里都燃起了熊熊火焰。

她满脸怒气地对我说："很烦欸！他现在当我是什么？对朋友不应该这样吧！超没教养的。"

"他是想麻烦你过去一下，展现他强大的人脉，沾点光吧。"我打圆场地说，但收不住笑。

"麻烦！他麻烦得可凶着。上次他哥哥想做停车位生意，他说请我吃个饭，然后要我去向他哥哥报告相关细节——'报告'耶！我是要为了那顿饭先去做个普查，然后去做简报吗？"

"你给他市长的电话啦！叫他找市长去报告一下，这才是专业。"我打哈哈地说。

丽蓉实在觉得太委屈了，一开口就无法刹车。"我的房地产专业可不是这样让他随传随到，包山包海的耶！想做生意，应该外包一个调查研究小组，怎么会吃一餐饭就要做生意呢？"

"后来你怎么办的？"我举手发问。

"经过那两次的事情，我就屏蔽他了。时间要花在值得的人身上。像这种人，就要干脆地叫他滚。朋友往来至少要相处愉快，如果连愉快都做不到，真的不用了。"丽蓉淡淡地说。

一直麻烦你做事的人，绝对不是什么好人

我跟朋友们转述这件事，没想到引起了许多共鸣，这才发现，被麻烦过免费帮忙的人还真不少。

举个例子，在公关公司工作的朋友因为人脉广，常有人请她帮忙摆平事情。

"最夸张的一次是有人请我帮忙去'移开电线杆'。"她说。

"后来电线杆移开了吗？"我问。

"当然没有！他当我是神力女超人吗？我只给了他台电的客服电话，明明白白地告诉他：'恕我无能，你自己加油！'"

还有位声乐家朋友告诉我，在一次聚餐中，主人帮客人们彼此引介后，其中一位初次见面的朋友竟一派自然地要求："声乐家耶！来唱两句听听，唱一下，唱一下。"她尴尬得不得了。

你一定也遇过这种根本不熟或者才见过一次面就要你帮忙的人，让你内心很煎熬：不答应，好像是自己太不近人情；然而答应了，内心又百般不愿。为什么给这样的人帮忙会让你如此不舒服？原因如下：

一、没交情，或是情分不够

以丽蓉的例子来说，她之所以会火大，是因为对方和她根本不熟却还硬麻烦她做事，一下子要她去报告停车场的市况，一下要她去敬酒。前者是不尊重别人的专业，后者更是失礼到家。

如果这个拜托的人是跟丽蓉认识多年、情分很够的朋友，吃顿饭、帮忙分析一下市场，她一定肯。

假如把朋友之间的交情当作储蓄来看，平日存下了许多友情本，遇到困难时，请对方帮忙犹如在提款。昔日若存得多，友情就不会出现赤字；反之，刚见面的友情储金是零元，若立刻被索求帮忙，任谁都会想翻白眼，内心大喊："你以为你是谁？"才刚开户便立即破产。

二、互惠失衡，违背人"最爱自己"的天性

假如是半生不熟的朋友麻烦你帮忙，感受上虽然比陌生人好一些，但如果他平常都没帮过你，却常常要你支援他、救助他，这也很难长久，因为人性说穿了，最爱的就是自己。

你老是麻烦我东、拜托我西，这是在劳动我，那你付出了什么？给了我什么好处？每次帮你忙，一顿饭也不请，一杯饮料也不给，这样的态度就是不爱我，刻薄我，对我不好，违背了人类最爱自己的天性，互惠严重失衡，当然会让人退避三舍。

挂着"帮忙一下"的大旗狂挥舞，行"图利自己，坑拐他人"之实，是在慷他人之慨。你得练习勇敢地拒绝，坚定地说："这我真的帮不上忙耶！"多说几次自然会顺口。平常多练练，你就能脱口而出，拒绝"烂人"。

一直会麻烦你做事的人，绝对不是什么好人，在他们眼中只有自己的利益，完全不在乎你的感受。交朋友贵在互惠，这种不互、不惠的人，得罪他根本无妨，因为他对你一点帮助都没有。等哪天你有事情需要帮忙，自私自利鬼根本不会对你拔刀相助，与这样的烂人断交不足惜。别委屈，别受气，绝交要趁早，人生才会干净清爽。

我念在职硕士研究生的最大收获：
人生赢家也会走下坡

职场不是一路往上冲，高点之后，可能就是谷底，所以要提早做准备。

念在职硕士研究生最大的收获是什么？我的答案是：提早察觉"我的人生会走下坡路"。

我当时三十几岁，事业正得意，念在职硕士研究生的同学都是社会精英，学校严选，学校推荐，大家都是来交朋友的，为的是锦上添花，拓展人脉。同学们的年龄落差极大，从三十岁到五十几岁，每个同学的职称都是顶桂冠：主播、副台长、总经理、助理……在社会上一个个闪耀着金光。

不过在认识半年后，光晕逐渐退散。

真实的面貌是：在职场、家庭中，人人各有其难题，这些各式的困境既难解也无解。所谓的"成功人士"只是表面。实际上，有人要烦恼另一半外遇；有的人卡在公司内部的派系斗争里；有的人因婆媳不和的问题所困；还有人需要一肩扛起经济压力，却无论如何都要维持生活体面。说到底，每个人也只是"生活很烦"的普通人。

职场上，也有春夏秋冬

五十几岁的同学们给我的启发是：他们往往是职场赢家，职称好听，薪水早早就破百万，独占鳌头已久；但他们也是最忧心的一族，公司一有风吹草动，就很担心自己高位不保。

这年纪再找工作很难，要找高薪的工作更难，他们默默忧虑着被资遣、被打入"冷宫"、被边缘化……这辈子的职场路走得光彩夺目，却因为年纪大，变成了走钢索的人。他们面带微笑地表演，熟练地踩在钢索上玩着抛接球、叠罗汉、秀彩带。台下的观众们拍手叫好，他们却惶惶不安，担忧自己会跌下去——跌下去后还万万不能摔死，因为有房贷要付，小孩要养。

生命中的春夏秋冬，人人都会经历。那时三十几岁的我还在职场的"夏天"，五十几岁的他们则来到职场的"寒冬"。我将来必定也会走到冷风逼人的严寒季节。

人生有很多苦痛，往往来自于"不接受"与"不顺服"。例如，他变心不爱我，我不接受，我要他再度爱我，这就很痛苦；或是有人骂你，你不接受，希望他不要骂，希望他道歉，但根本不可能。如果能转念，接受他骂我、讨厌我，不解释，接受这情况，也知道这情况有一天会过去，你会好过很多。

"接受"以及理解一切"苦痛"都会过去。你的不舒服是因为你正在"经历这过程"，走过了就没事了。

"接受"一切都是最好的安排，会让自己的日子更顺利地过。

我接受不管我现在在职场上多闪耀、多风光，到了五十几岁时，走下坡的概率很高。我选择不反抗这命运，选择早早多存钱、理财，准备好在人生冬季来临时的存粮，安然温饱老去，这样就好了，就够了。

头衔、职称和面子不重要，皆可抛。

三十五岁前,你就要提早做准备

职场不是一路往上冲,高点之后,可能就是谷底。随着年纪愈大,我们与企业的关系会从年轻时洒脱跳槽,天不怕地不怕,转变成依赖公司。总有一天,公司会不需要年华老去又坐领高薪的我们,既然如此,就要提早做准备,这样,人生才不会瞬间彩色变黑白。

一、及早规划理财

无论你过去赚了多少,没存下来就是一场空。人生这条路是有钱有朋友。有钱就有面子,也有里子。存款丰厚能让你安全感倍增,有钱就能身心安顿,即使突然失业,也能悠闲地找工作,而不至于惊慌失措。

二、发展第二专长

趁早展开事业的第二支线,降低对单一企业的依赖度。第二专长可以从有兴趣的兼职或者专业课程开始。由于还有主业的收入,培养起来没有压力,也能开拓展新的人脉。

念在职硕士研究生的同学们聚餐时,有人打趣地问我:"那你五十几岁时要干吗?"

我看着餐厅的清洁人员,笑着说:"我可能会加入他们。我觉得什么工作都很好,不用局限自己非要坐办公室不可。"

同学说:"好,那我们一起当清洁工,这样聊天还有伴,很有趣。"

我说:"好啊!我们会很开心的。"

人生不难,不要自己为难自己。接受风雨,就能平静看待风雨。

不舒服,是因为你正在"经历这过程",走过了就没事了。"接受"一切都是最好的安排,会让自己的日子更顺利地过。

如果明天就失业,
你做好准备了吗?

随时评估你所拥有的专长,在职场上是否还具备竞争力。

"你知不知道?男神王小陆刚刚解约耶!新的经纪人就是绯闻女友,签约金破千万。电影红了,他从票房毒药变成会走路的印钞机啊!"主跑电影线的华哥边打稿,边向大家爆料。

"我们每天写这个明星住豪宅、那个模特儿开千万名车,自己的薪水却只有愈变愈薄,真是'穷'开心。"资深记者小燕姐翻个白眼抱怨着。

截稿前,报社记者们的打字声总配着八卦闲聊。这是一家专门发行娱乐影剧的报社,记者们交换着艺人的最新情报,聊天纾压，一片和乐。

在发行量最风光的时候，谁也没想到这种歌舞升平的日子会有曲终人散的一天。报社受到网络媒体兴起的冲击，业务量缩减，最后无预警地关门。那些写稿配八卦的喧闹时光像是突然被关掉的电视，前一秒还璀璨缤纷，下一秒只剩下一片黑，再也看不到人影。

善用人脉，布局事业的第二条线

蓝Sir对我说着当年他工作的报社收摊的景况，唏嘘不已。可别以为他现在很落寞，如今他的身份是流行歌曲作词家，收入翻了几倍。除了写歌，他还出书，生财有道，日子过得悠悠闲闲。

"一起打拼的同事们被资遣时都很慌张，毕竟还有房贷、车贷，孩子也还小，柴、米、油、盐，处处得花钱，领的资遣费最多只够活两三个月。我早就认清不可能靠公司养一辈子，所以在之前就规划了另外一条路。"蓝Sir看着自己珍藏的艺术品，喝着咖啡，不温不火地说着。

过去他也是记者，主跑唱片线，跟许多唱片公司的高层都很熟。当然，这样的人脉，别的记者也有，不过蓝Sir不一样，他不是只和唱片公司的人吃吃饭、打打关系以探听歌手八卦，他更积极地运用这些人脉，去为自己事业上的第二条线细细布局。

每天写完报道交给报社后，他就开始写歌词。同事们花在聊天上的零碎时间，他用来研究当红作词家的写法以及听唱片公司给的Demo带，边听着音乐，边写歌词赚外快。

一开始并不顺遂，自己精心写的歌词投出去后，常常石沉大海，但他不灰心，继续厚着脸皮去请教别人，不断地改变写作的方式。后来，不仅他创作的词被录用了，更有当红歌手指定要请他写词，他顺利卡到了位。

报社收摊时，蓝Sir已坐稳了作词家的位置，第二份收入有着丰厚的进账。报社一倒，他领了资遣费，把过去的副业写词当作正业，无缝接轨地继续展开事业的第二春。

未雨绸缪是老话，好用的老话

许多上班族羡慕公务员就业有保障，不会被公司任意辞退或者面临企业倒闭的灾难。但如果你不想考公务员，在私人企业中,如何让自己不容易受大环境击败,面对巨变不会仓皇失措,以下这三点积极的作为可以提供你参考。

一、多运用在职时的人脉与资源

大树底下好乘凉,当你的名片上印的是显赫的公司、令人尊敬的职称时,你的人脉自然会比较畅通。名片等于一张VIP通行证,让你在进行业务接洽、拜访厂商或邀约采访时,都会非常顺利。推动你能够直达天听的通关密语,不是来自你的笑容或者外表,而是你身上挂的头衔与公司品牌。以蓝Sir来说,假如他不是唱片线的记者,投稿出去的词可能连被注意到的机会都很低,但因为他的身份,作品就比较有可能被录用。

这可是工作上的无形福利。若懂得好好运用,可以把隐形福利最大化、具体化,等到有天自己的独特价值彰显了,就算没有公司的庇荫,也能独立生存下去。

二、积极培养第二专长

为什么要培养第二专长?这可以分为三部分来谈:
(一)当企业营运顺畅时,如果你想转调至其他部门,必须展现出适合那个新部门的能力。若你已经具备适合新职务的专长，脱颖而出的机会就大很多。

（二）在企业的业务量缩减时，假如开刀的对象是你的部门，有其他专业才能的你就多了转调至其他职务的机会，而不会被资遣。

（三）在职场上并不是年纪愈大或愈资深，就会愈受欢迎。相反地，当你年纪渐长，在职场上的筹码是愈来愈少，能跳槽的空间也大大缩减。早早运用第二专长开创自己的新事业，成为独立工作者，就能不受控于企业，拿回人生自主权。

至于如何挑选第二专长？蓝Sir因为自己爱唱歌，对写作也有兴趣，所以选择当作词家。他告诉我："要做第二份工作，一开始往往容易受挫或者被拒绝，所以要找自己有兴趣的事情来发展，才比较能熬过一开始的'阵痛期'。"

三、随时问自己："如果明天就失业，我准备好了吗？"

"生于忧患，死于安乐"这句话，其实也适用于职场。不妨常常问自己："如果明天就失业，我准备好了吗？"透过这样的自我检视，评估自己的生活准备金是否充分，所拥有的专长在职场上是否还具备竞争力，有没有需要补充加强的地方，并且思考如何降低职业生涯风险。

　　积极面对问题，就能解决问题。以这样的态度，才能在看似平静却随时会有大浪来袭的职场上，继续安身立命。

人生赢家从天堂堕地狱！
职场老职员当心一步错，全盘输

或许你是公司最重要的人，但公司并不是非你不可。

兰姐是某家大品牌的营销公关总经理，也是媒体的宠儿，演讲与节目邀约不断，凡遇到与公关议题、企业危机相关的新闻，总可以看到她在镜头前受访。多年下来在业界累积的资历与名声，使她的名字与公司品牌几乎融为一体，俨然成了代言人。没想到有一天，老板竟然毫不留情地开除她，一刀划开了她与公司长年的关系。

"你们知不知道公司的江山有一半是我打出来的。假如没有我，我们的品牌会有这么大的曝光量吗？"

在自己的离职欢送会上，兰姐酒喝多了，话说到一半，便趴在桌上大哭了起来。

"老板凭什么这样对我？凭什么开除我？凭什么？我在公司十五年耶！青春都奉献给这家公司了，我得到了什么……"

悲愤的哭诉像是窦娥喊冤，企求天地给个公道，声嘶力竭到令人鼻酸。

十几年来，兰姐与公司的关系一向是"鱼帮水，水帮鱼"。到底是什么样的纠葛，竟使得双方长期以来的亲密合作一夕生变？

自肥的员工，没有企业容得下

时间回到那年的八月，为了决定要送给厂商的贺年礼品，兰姐在会议上要大家自由表决，同时却又不断地暗示选A公司设计的马克杯与日历。

"马克杯是每个上班族都用得到的，日历则可以让厂商每天都想到我们，一年三百六十五天，天天都想到我们，是不是挺好的？就选这个吧，好不好？"

兰姐这番话说得挺明白，就连刚来七天的新手同事也把神圣的一票投给了"马克杯与日历"这对奇妙组合,全数通过,程序看似民主而公开。

过了几天,公司的法务人员问兰姐:"为什么这次合作制作礼品的厂商没有送合约来?"

兰姐云淡风轻地说:"这是广告交换,没有打合约。我们把协力厂商的名字印大一点,对方就不收设计费和版权费。我们每次送的礼品都是上万份的,可以替他们打知名度。不过礼品制作费,人家还是要收。我这样可是帮公司省了不少钱呢!"

公司高层开始对这件事情起疑,进一步调查后发现,原来这家礼品公司负责人是兰姐的丈夫。信息室开始监看通信软件,记录上显示兰姐曾对丈夫说:"这次的礼品货款,七成利润入了我个人户头,没有我,就没有这笔大订单。"

在一段又一段打印出来的难堪对话中,更赤裸的还有这一段:"我要好好利用这家公司的资源,让自己赚饱饱,不然就太傻、太笨了。"

看完了对话记录以及其他证据后,老板立刻请法务与人资部门算好资遣费,要兰姐当天便走人,连一眼也不想再看到她。

说起来，也难怪老板会感到寒心，当年刚创业时，所有媒体访问的都是他，眼看事业体愈来愈大，他对虚无缥缈的名气毫不恋栈，只想专心经营企业，便交代日后所有的采访都改由兰姐上场。

在老板的栽培下，兰姐享受了十多年镁光灯下名利双收的璀璨时光，只不过渐渐地，耀眼的光芒变成了白雪公主故事里后母的魔镜，天天对兰姐说着："你是全公司最重要的人，公司没有你不行。"

但是在现实的职场世界，即便你再出色、再厉害，公司也绝对不是非你不可。

公司的光环愈强，你愈要建立自己的品牌

兰姐的事情逐渐传开了。名人被资遣的话题很有爆点，好几个谈话性节目争相邀约她。兰姐在每个节目上泣诉着老东家有多绝情，还有自己遭小人陷害……洒狗血的内容让收视率开红盘。

不过，媒体的属性是这样的：锦上添花的成功故事可以一说再说，百谈不腻。如果是破落的故事，第一次上节目讲，在名人自诉隐私的浓浓八卦味下，观众如同鲨鱼般闻腥而来，报纸、杂志也会争相采访；同样的事情说第二次也还行，观众不仅会想重温一次，还担心自己可能漏听了一些细节，不然街头聊天时搭不上话，可就逊了。

可是到了第三回，一样的菜回锅三次，早就走味了，甚至会让观众忍不住开始质疑："你不是危机处理专家吗？面对自己的职场危机，是每天透过媒体发声来解决的吗？"

失去了公司品牌光芒的加持，如同少了成功人士的勋章，随着时间过去，访问兰姐的媒体愈来愈少，毕竟台湾最不缺的就是名嘴与专家，少了一个某某专家，还有千千万万的其他专家等着递补。

兰姐与老东家的纠葛已是好几年前的事了。离职之后，她挟带着过往的光环，立刻有企业重金礼聘，头衔好、薪水多。然而，这位空降的大明星主管却让公司的老臣们很不以为然，行政杯葛、酸言酸语等排挤戏码天天上演，其他同事们也等着看重金挖角来的大佛能变出什么戏法来。这样的日子，对习惯了呼风唤雨的兰姐来说是过不下去的，她因而频频跳槽，却持续地"水土不服"。

前两年,她跳槽了四家公司,成了职场上的资深"浮萍",一直找不到根,后来还失业了数年。

喔,对了,她的老公开的公司呢?早就无声无息地倒闭了。

兰姐机关算尽,却落得全盘皆输。

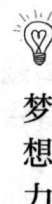

梦想力

做人生的海贼王，"万变"胜于不变

她把薪水从两万八跳到十二万，只用了两年两个月。

我曾在电视台当了多年主管，签过的离职单至少有上百张，部属离职的理由往往不悲不喜地写着："另有生涯规划""家里需要帮忙""健康因素""进修""休息"……签完之后不仅我忘了，恐怕连当事人也记不得自己写了什么台面话。

唯有小红的离职单让我印象深刻，上面写的离职理由是："不堪台北物价飞涨"。

如果想太多，就什么都做不了

小红的老家在台南，到台北是为了一圆记者梦。公司给她的薪水是两万八千元，她说，光是租房子、吃饭、摩托车油钱和手机费扣一扣，根本存不到钱，于是在上班两个月之后，她决定结束这项赔本生意跳槽去。

我问她："你要去哪里？"

她开朗地说："我要去花莲的报社当记者，薪水三万五，加上油钱津贴，有四万耶！"

薪水从两万八变四万元，只花了两个月，连我都佩服她的选择。

我又问她："那你在花莲有亲戚或朋友吗？"

"没有啊！"小红一派轻松地回答。

"你对花莲熟吗？"

"完全不熟。"

"住的地方呢？"

"我还在找。"

在惊讶中，我签核了写着"不堪台北物价飞涨"的离职单，而她也火速地搬离了台北。

向花莲的报社报到时,主管告诉她,花莲很大,她必须有车。她想起大学时曾经在中古车行打工,立刻打电话给车行老板。

"老板,我工作需要买车,但我没钱耶!怎么办?"

老板爽朗地大笑说:"买车不用钱啦,可以全额贷款,车况好的还能超贷。"

于是,小红当机立断地买下了一辆中古车,价格十九万,贷款有二十四万,多出来的钱让她付掉了花莲的房租和押金,她没有从口袋里拿一毛钱。

对一个生命力旺盛且渴望成长的人来说,当工作愈来愈上手,而变得愈来愈没挑战性时,就会想要往下一个目标迈进。

在花莲待了两年,小红发现该跑的新闻,自己都跑得差不多了,有些节庆性的新闻开始重复出现,她有点腻了。有一天,她打电话给我说她要跳槽了,这次是去北京当记者。

北京是怎样的地方,小红完全不了解,因为她没去过。她只知道报社给五万元薪水,加上外派时领的交通、电话费等津贴,约七万元,一个月可以领到十二万元。

"你人生地不熟的,不怕吗?"我问小红。

她说:"我当然会怕啊!但我只要闯过这一次,以后就不会怕了。如果想太多，就什么都做不了。"

就这样，小红卖掉了车，一个人从花莲到了北京。那一年，她还没三十岁。

实现高薪梦想的三大视野

小红的故事看完了，不知道你有没有发现，不到三十岁的她可以月收入最多十二万，有三个关键点，而这些也是上班族要实现高薪梦想必须具备的特质。

一、移动力

两三年来，小红居住的城市从故乡台南到台北，接着是花莲，最后去北京，迁移的范围非常广。只要新的工作收入多，并且有助于开启新视野，她二话不说就搬家。

光看这样的资历，未来任何一家公司都会知道小红是一个很愿意随着组织成长，接受变动的人，对于轮调、外派统统都OK，不仅好调度，也看得出她的企图心，企业当然很欢迎这样的人加入。

二、薪水与台币脱钩

台湾的年轻人有起薪低的困境,即使是资深上班族的薪水也常常卡在五万元上下,才工作没几年,就撞到薪资的"天花板"。

要突破这种困局,就要找薪水可以与台币脱钩的职务,也就是以国际行情来计薪的工作。例如,让小红的薪资翻三倍成长的工作是以人民币计薪。而许多名厨与国际连锁饭店的管理阶层,薪资都以美金计。

就算你现在还年轻,资历还不够,也可以开始做职业生涯规划,有目标性地跳槽或者提升相关的能力,让自己往高薪一族迈进。

三、勇于尝试,适应能力强

钱多、事少、离家近,这些是许多上班族梦寐以求的工作条件。然而,太年轻时就坚持这些梦幻条件,不但容易使待业期变长,挫折感与自我怀疑也会增加。要等自己的资历丰沛、筹码丰富,并且专业技能纯熟时,才能谈这三大梦幻条件。

拿小红来说,无论身处什么地方,她都能适应,同时也勇于与未知的环境奋战。只要突破了自己一次,不但能力会跟着提升,工作经历的独特性也会愈来愈强,薪水当然也能够跟着增加。

小红犹如"人生的海贼王",有机会就冲,不断冒险,与风浪搏斗,习惯变动,也因此能在收入上拿到满满的宝藏。

前阵子,我打电话给小红,关心她的近况,她说将要一个人去泰国和缅甸旅行九天,只订好了第一天的饭店,其他的统统到时候再说。

相信她这九天边玩边想办法的旅行,会比传统跟团的行程来得丰富精彩,一如她奇幻的职业生涯历程。

只要突破了自己一次,不但能力会跟着提升,工作经历的独特性也会愈来愈强,薪水当然也能够跟着增加。

不怎样的二十五岁,没有企业理你,如何逆转?

想在二十五岁时就被看到,要在二十四岁、二十岁开始布局。

还在电视台工作时,有一天,我坐在采访中心的办公室里,看着身旁座位上的四位女记者,突然想到她们有个共同点:都参加过美女选拔,一个当选过"葡萄公主",一个拿下"茭白笋姑娘",一个荣获"莲花小姐",一个是"校园美女"。我们这一整排座位除了男记者之外,唯一没有这些头衔的就是当主管的我。

我内心暗暗惊叹:"这些少女们真不简单,大学时代就在布局,有了这些头衔替外表背书,对于需要上镜头的电视行业来说,绝对是履历上亮眼的重点。"

你想进入什么行业,是从几岁开始布局的呢?

在你问问自己的同时,我也来说说我的故事。

我在念大三时,从报社的免费实习生开始,每天自动自发地到办公室帮忙,工作内容是整理记者们需要的通讯录,也就是打杂,以行动证明自己真的很有热情,不只是说说而已,而这份认真被报社主管看到了。有一天,主管告诉我:"你明天就跟着记者出去跑新闻吧!回来写一份稿子给我看。"我因而有了第一篇采访报道的作品。

第一次写稿,不是本专业的我,自以为修过新闻系的采访写作课,上场绝对没问题,结果只写完第一段就写不下去了,惨不忍睹,最后还是靠着其他人的帮忙才顺利交稿。丢脸归丢脸,但总是个开始,有开始就有希望。

希望来了吗?没有这么快!女主角奋斗的故事要赚人热泪,总得特别坎坷。毕业后,在履历表之海中竞争,我还是不够出色。当时的我始终不懂,为什么履历表投了这么多,一直都没有人打电话找我去面试,每天都觉得煎熬且不解。

面试时,你是与众多竞争者华山论剑比高下,只说『我很喜欢这份工作』『我对这份工作非常感兴趣』,这是不够的,要想拿到机会,你必须使出自己的『制胜大绝招』。

求职要"吸睛"，先掌握三大布局秘诀

这也让我想起某支"人力招聘网面试实测"的广告："不怎么样的二十五岁，谁没有过？"在广告里，履历表上封住了应试者的大名，仅呈现其学历、经历。第一位先生有好学历，却没有工作经验；第二位先生在菜市场当过学徒、洗车员和面包店学徒等，学历只有中学。几位主管纷纷摇头，觉得第一位没有工作经验，可能无法跟社会衔接，而第二位的学历太低，四处打工，没有专业，也没有持续性，两人都不被录取。

最后，求职者姓名栏被揭开了：第一位是李安，第二位是吴宝春。

答案揭晓后，主管们纷纷觉得错愕，反省是自己太严格，给人贴标签而错过了人才。广告企图传达的想法是多给年轻人一点机会。

这支广告造成了轰动，一时之间，很多人都在网络上感谢自己的第一任主管，可见每个人的二十五岁都是从没有企业理睬开始的。

所以你没有特别衰，你很正常，第一份工作资历总是最难得到，因为当时你缺乏资历，在履历表中的差异性不大，自然难引起注意。万事开头难，求职也是如此。

六分钟可以护一生。若把时间对半砍——三分钟能干吗？要知道，连泡个面都嫌短的三分钟，却是面试主管看完一张履历的时间！要如何抓住目光，让他打电话通知你去面试，方法不是烧香拜拜，而是你在投履历表之前，花了多少心思，也可说是你布局了多久。

一、你拥有什么制胜大绝招？

第一个就业机会是最难获得的。在面试时，你是与众多竞争者们华山论剑比高下，如果你的武器只是"我很喜欢这份工作""我对这份工作非常感兴趣"，你觉得这两句话够强吗？足以打败其他的竞争者吗？

因此，社会新人要拿到机会，必须拥有一些具体且法力高强的武器。

举例来说，有一回，我缺一名编辑，应聘的好手以中文系、新闻系居多，有份理工专业出身的履历却让我眼睛一亮。这位应聘者在学生时代得过文学奖、编过社团刊物，拥有了这些资历，已经可以进入面试阶段了。他还有个获胜的大绝招：在履历中，他比较了多家报纸版式的优、缺点，以及各家新闻标题的偏好等，这样的用心，帮助他打败了一堆相关专业的应聘者，脱颖而出。

他的工作机会不是我大发慈悲、广开善门给的，而是他以努力与积极，敲开了机会的大门。

二、你对自己的履历表够用心吗？

还有一点也很重要：好好地定制每一份要给出去的履历表。

你是否用心，从履历表上是看得出诚意的。履历表不是机器规则报告，也不是产品说明书，不要太循规蹈矩。思考自己的强项，做一份具有创意与说服力的履历表，才会让自己脱颖而出。

瞎投一百份，不如好好投一份。

三、你知道你想进的企业需要什么"货"吗？

再从"企业不识货"这方面来讨论。"不识货"这三个字，就牵涉企业要什么"货"。如果企业需要工程师，开的条件应该是信息等相关专业，广告中人资拿"中学毕业""没有相关经验"的履历表给主管挑，人资大概会被大骂："不专业！""没脑子！""在搞什么啊！有没有过滤过啊？"

把LV拿到菜市场卖，怎样也不可能卖到上万块。东西要放对位置，才有那个价值。对人资来说，刷掉吴宝春跟李安的履历表，这才是专业与尽责的表现。

从广告学到的事情

为什么广告中的主管们一知道是李安和吴宝春的履历表后，统统都改口笑着说："我们有时候要求得太严格了。""可以把他找来聊聊，把机会稍微放开一点？"原因是：这是广告，请别当真。

企业主管们都知道有镜头在拍摄，因此难免失真——我没有说是演，我是说失真。这就像选美小姐参赛者都会说："我当选后，最大的心愿是到落后国家帮助贫困的人，因为美就是心中有爱！"眼眶泛红，嘴角微笑，闪耀圣洁与爱的光芒。这答案不见得真实，却很安全且深得人心。

同理，主管们看到履历表的主人是吴宝春、李安，若还铁了心地说："我要刷掉他们，我要淘汰他们！他们的专业不符合我的需求。"这广告还能打动人心吗？还有戏剧张力吗？人力招聘网站花钱拍广告，请出的导演与写的脚本有一定的水平，成品如果没有"逆转的催泪情节"，广告公司要怎样跟人力招聘网站请款？他们的专业又在哪里？

广告就是广告，不是真实的人生。一如你不会跟孙芸芸一样穿着礼服拿吸尘器拖地，还说出"我只爱精品"这样的话；也不会在月经来的时候，像林依晨一样穿着白裤子在草地上奔跑，脚步轻盈雀跃地跑去搭热气球，晚上睡觉时还舒爽地伸懒腰。

所以，醒来吧！

在这支广告的所有梦幻泡泡和催泪言语中，最真实的就是：企业最重视的就是"学历、经历"。缺这项的人，就快点去补充加强，这才是正经的求职路。

"吃苦"，是通往成功路上必需的祝福

李安的导演梦、吴宝春的面包梦，都坚持了超过十年以上，曾经的他们甚至比我们都还困顿。李安无业时，被太太养了许多年。吴宝春当学徒时，曾经穷到睡在中正纪念堂旁边的水泥椅子上，有一次被冷醒，他醒来后，哭着想："这样的生活到底要过多久？"

他们两个人的梦想，都不是一般上班族的梦，因为梦想很巨大，也很独特，所以筑梦的过程也特别艰辛。如果你跟他们一样有才华，要把"吃苦"当作是通往成功路上必须拿下的祝福。

假如你的梦想只是在某个领域中找到一个职缺，当个收入尚可的上班族，那就请上网查一下企业的职缺需求，或者问问从事相关工作的前辈，有怎样的渠道可以去努力。

在亮丽的青春下，面临着前途茫然的痛苦，这困顿谁都有过，且大部分的人都能走出来。不然哪来的这么多人在看了广告后，纷纷感谢过去的贵人呢？

想在二十五岁时就被看到，就要在二十四岁、二十岁时开始布局。举例来说：想从事传播工作的，报名选美证明自己外表出色，或是参加影片征选证明自己创意破表，都能加分。想做金融业的，多争取银行的实习机会以及增强外语能力，早早决定想争取外派到哪一国，先学习该国的官方语言，增加自己的竞争力。

我认识一个年轻人，他看准了台湾银行积极在东南亚设分行，在大学期间很有魄力地休学一年去越南学习越南语——对于拥有这般资历与企图心的求职者，企业不录取他，要录取谁呢?

你只要在二十几岁时够勇敢、够努力,一定可以让未来三十岁、四十岁的你,笑着感谢过去所有给你机会的人。

连泡个面都嫌短的三分钟,却是面试主管看完一张履历表的时间!要如何抓住目光,让他打电话通知你去面试,方法不是烧香拜拜,而是你在投履历表之前,花了多少心思,也可说是你布局了多久。

梦想是动态的，
圆梦后是失落……和挑战！

"要"这个字，是梦想。"我要"这两个字，是巨大的力量。

"一颗心扑通扑通地狂跳，一瞬间烦恼烦恼烦恼全忘掉……"阿胜在台上热情嘶吼，要大家一起："跳起来！"重金属的乐声，一弹奏就有叛逆跟热血的气味。

唱歌是阿胜的天分，从小只要一开唱，管他什么歌，都能让大家耳朵"受孕"。住在附近的爷爷、奶奶们更是铁粉，常说着："这孩子未来一定比洪荣宏还要红！"

阿胜从高中开始组团练唱，大学时期开始征战各项歌唱比赛，无论是量贩店的"尚好听歌唱大赛"，还是季节性的"七夕金曲情歌对唱大赛",他统统都参加。

我看着那些大大小小的奖杯,惊叹地问:"你怎么知道这么多比赛信息?"

他一口白牙笑得灿烂。"有很多这种社团,大家会分享信息。比赛久了,也能交到几个朋友。"笑容里,充满着有梦最美,希望相随。

"学姐,有唱片公司要跟我签约耶!"阿胜在LINE①上敲出这些字,每个字都在跳舞。

我向他用力道贺。"你要当歌星了吗?好酷喔!拜托帮我签名。"

"哈哈哈,一定啊!我发片一定送你一张。"

当幸福来敲门,连空气都是甜的。

不久后,阿胜和其他歌手发行了一张合辑,他龙飞凤舞的签名颇有明星味。

---

① LINE是韩国互联网集团NHN的日本子公司NHN Japan推出的一款即时通讯软件。虽然是一个起步较晚的通讯应用,2011年6月才正式推向市场,但全球注册用户超过4亿。

只不过，那份喜悦在几个月后就没了味。"学姐，唱片不太好卖，怎么办？"他忧心忡忡地跑来找我。

我不想劝他什么大道理，倒想说个故事给他听。

梦想，是一种动态的挑战

"从前，有很多刚毕业的女孩来到电视台，她们都想要当主播。她们积极又努力，跑新闻时拼命表现，台风、地震、上山、下海都没问题，希望博得长官们的注意与好感。日夜操劳，薪水三万多。当疲累感来袭时，能消除疲劳的不是撒隆巴斯或者按摩，是日思夜想的'主播梦'。很快地，两三年过去了，她们当上了假日兼职主播，可是大概半年或者一年不到，就会提离职。"

阿胜听到这里，眼睛睁大，直问为什么。

"她们发现当上主播后，日子没有什么改变，走在路上时没有人认识，薪水也没有暴增。原以为播报新闻是权威，走路会有风，结果真的当上后，发现每天只是关在摄影棚里对着读稿机说话。在强大的失落感笼罩下，就纷纷离职，去追逐新的梦。"

"所以，圆梦之后是失落？"阿胜若有所思地问我。

我喝口茶，点点头。

"应该说，圆梦之后，是失落和挑战。圆梦后，你原本喜欢的部分还是存在，但一定也有你不喜欢，甚至没想到的部分，那就是挑战。"圆梦后，还是要过日子啊！生活从来不是静止的，梦想是动态的挑战。你要达到心中大明星的高度，不能只是打个卡，写上'圆梦'。梦想要变得光彩夺目，需要更多坚持，才会发光，才会闪耀。"

我想到了阿胜的偶像"五月天"。

"五月天也不是发行第一张唱片后就有这么多的歌迷，就可以狂开好几场演唱会。要一直拼下去，一直堆栈柴火，才能烧得照亮夜空。"

一听到偶像的例子，他的眼睛亮了起来，听我继续说：

"电影里面，主角终于实现梦想后，众人鼓掌，送上鲜花，大喊恭喜；走在路上，一堆人冲上来要签名；原本住在破烂小套房，一秒搬家到大豪宅；从骑摩托车的小资女，变成开着奔驰车的成功人士……这些都是为了让剧情高潮迭起，要观众热泪盈眶，是高速快转圆梦后十年，甚至二十年才能有的改变。

"圆梦后，日子往往跟过去是一模一样：太阳照样升起，你照样去巷口熟悉的早餐店，买去边的吐司夹蛋，搭配一杯小热奶。即使达到了梦想的位置,喜悦往往只有一天,接下来就是新的挑战,甚至是更大、更艰难的挑战,唯有这样,你才会脱胎换骨,变成一个更好、更强大的自己。"

梦想,像一头养在心中的怪兽

回想当年,我终于一圆梦想,当上了记者。只有被通知录取的那一刻很开心,正式上班后就很吐血!新手什么都要学,什么都不上手,别人一次OK的事情,我做了三四次才勉强搞定,日子忙碌又焦虑。

那时,我每天上班只期盼有时间吃口饭,喘息一下,一个月瘦了三公斤。最常飘出的念头是:

"肚子好饿,抽屉里面还有饼干可以吃吗?"

"稿子送出去后,可以不要挨骂吗?"

"连续上班好多天,明天终于能休假了,我要睡到自然醒!"

如此卑微,日子没有变得五彩缤纷,甚至忙碌到人生很黑白。

后来,为了更上层楼,我跳槽到一家收视率很高的电视台,原以为进入第一品牌,从此走路有风了,没想到家乡的同学们纷纷对我说："我们不看那台的新闻喔！以后我们看不到你的报道了。"

我在亲友间的能见度跌到谷底，这可是我在圆梦前始料未及的情况。

我常觉得梦想很像一头养在心中的怪兽：不论你的外表多温和，多像是食草性恐龙，只要一发现自己想要的东西，就会让你变成迅猛龙，收起懒散，不顾一切地全力以赴，大声嘶吼着前进，想跟这世界要点什么来玩玩。你怎样都要抢到，这是唯一的坚持，可以玩腻，可以有天不想玩了，但这世界不能不给玩。

在这个物价高、房价高和薪水低的时代，很多年轻人常说："我没有梦想了，我只想要活着。"不！你不是没有梦想，只要你还会"想要"，就是有梦的人。

"要"这个字，就是梦想。

"我要"这两个字，就是巨大的力量。

前辈们的梦想可能是反清复明、当伟人、看鱼逆流而上、门口种种五棵柳树，抑或是当个成功的企业家。在时代的洪流下，这些梦想对你来说都有点过时了。

现在你要的是快乐活着，做自己想做的事情。白天当一只可以准时下班，优雅、可爱的"社畜"；晚上摇身一变过着去学习韩语，追韩国"欧巴"的生活。

你要得少、要得小，却更坚定和珍贵。

说白了，你一无所有，非常输得起，更敢拼，也更敢搏！所以你出走，你去游学打工，去澳洲、加拿大、英国帮绵羊剃毛，去果园采水果，只想圆一个出国梦。挺强的啊！一无所有却勇敢开外挂，你就什么都有了。

昔日有人逐水草而居，今日有人逐梦而活。你是梦想的牧羊人，也是梦想的赶路人，一步一脚印，立志要接近天边的云朵一点点。

现在每一小步，都是为将来更好的自己做准备。追随你心中的热情，时时问自己："这是我想要的人生吗？"如果不是，要怎么做、要如何改变，才能往目标靠近。

成功有许多途径，但"行动"是通往梦想唯一的路。

限制你追梦的，不是你的专业、不是年龄，也不是财力，是你的心。

即使达到了梦想的位置,喜悦往往只有一天,接下来就是新的挑战,甚至是更大、更艰难的挑战。

唯有这样,你才会脱胎换骨,变成一个更好、更强大的自己。

一场心脏病的领悟：
心境，决定你的处境

有时候事情的本身没有好与坏，关键在于你怎样去看，怎样去诠释。

午夜梦回，我常想起那一场面试。当时，南部新闻中心的特派记者看着我问："你想当记者啊？"

我开心地回道："对啊！"

他似乎想测试我的企图心还有大脑。"当了记者之后呢？"

我露着白牙傻笑，展现我的意志力，果断地说："还是当记者啊！"

他摇摇头，颇有一种面对无知孩儿，无法言明世间险恶的感觉,叹口气说:"记者没有办法做一辈子啊。"

"为什么不能?"无知之人不知自己无知,对于我的问句,他以沉默替代回答。

心脏狂跳,我到鬼门关前绕了一圈

当初离开媒体业时身心疲惫,却仍抱着满满的热情,所以"回锅"电视台后,我每天都很开心,分外珍惜与旧爱重逢的日子。没想到就在这时候,身体却开始抗议了——有时突如其来地,我的心脏会莫名地狂跳!看了心脏科后,医师认为是压力过大,开了药给我吃。

药袋上注明着:抗焦虑药。

我一阵心酸。我是这样活泼乐观的人,居然要吃抗焦虑药!每次吞药时,我都挺抗拒,只能安慰自己说:"这就像感冒一样,生病了就该吃药,没什么,不要想太多,吃就对了。"

我不晓得自己的身体状况是颗未爆弹,就只差引信没被触发。

那天是个悠闲的下午,我没有过劳,也没什么大事情发生，看着电视墙上的新闻，正准备碎嘴评论个几句，心脏突然刺痛，左手臂和嘴唇发麻——那短短的一秒，没有人发现我不对劲，却是令我非常惊恐的一秒！世界瞬间静止，濒死之际，全身僵硬，走过去还是过世去，看神的安排。

幸好，命运之神很宽容，把我从死亡的面前推了回来。在医师开出预防心肌梗塞的药品后，我惊觉到纵然很喜欢这份工作，身体可能无法负荷了。

离职容易，问题是：离开后要去哪儿呢？

房贷、生活费、每个月给家里的孝亲费、保险费……每一笔都是压力。我不忍年迈的双亲替我担心，日子一定要维持在过去的样貌，加上公司还在慰留我，我不能声张自己要离职，这样太不给人面子；但为了健康，我是走定了。

对我最好的状态就是工作能无缝接轨，我只好厚着脸皮传LINE给之前工作网站的副总："副总，我的身体有点状况，我要离开电视台了。你有朋友需要懂公关操作的人吗？"

副总很懂世间人情，看出我爱面子，说不出想要再回去的话语。她很有智慧且给我很大的面子，回我："我想念你了，回来我这里上班吧。"

于是，我又回到网站工作，这次转当编辑的主管，工作内容与之前的稍有不同，但同事一样，主管一样，八成以上的东西都没变。

然而，我变了。我变得非常非常快乐，每天蹦蹦跳跳地上班！

为什么这样呢？最大的原因是：我的心境变了。我懂得去看这份工作的美好，常常想着这份工作的优点；也常常对别人说，我非常非常喜欢我的工作，很感谢我的老板，每说一次，似乎都产生正面的能量与好的循环。

"回锅"后第三年的圣诞节前夕，公司大厅又摆上了那棵华美的圣诞树。我看着它，默默想着："我希望每一年都看到这棵圣诞树，我希望能在这家公司做到退休。"

从不想再看到那棵树，到想要年年都见到，为何差异这么大呢？什么都没变，是我的心境变了。我常觉得，有时候事情的本身没有好与坏，关键点是你怎样去看，怎样去诠释。有时候给一个地方或者一个人多一点时间，多一点观察，也许就能看到美好的地方。

经历过这次的转变，我的体悟是：心境会决定你的处境，转念，路就宽。

你注视着什么,你就会看到什么

最后,跟你玩一个游戏:如果我请你抬头用目光找找身边黑色的东西,你会发现你将只看到黑色物品,而忽略了其他颜色的存在。负面情绪正如同寻找黑色的东西,在你反复去抱怨时不断被放大,吞噬掉了其他的美好。

我有个同事常常在抱怨工作,直到家人生病,他为了照顾家人请了长假,多日后,家人康复,他重回工作行列,突然觉得能身体健康地上班赚钱,是很开心的事情,工作起来也就特别有劲。

心境就像镜子,你注视什么就看到什么,是好是坏,取决于你看事情的角度。同样的夕阳,是觉得无限好,还是觉得近黄昏,只在你的一念之间。

自己的前途，自己顾！
跳槽找伯乐前的三点评估

你最核心的价值，不是当个人人称赞的好人，而是"你有实力"。

"某年某月的某一天，就像一张破碎的脸……"小酒吧播放着蔡琴的老歌，阿敏不由得回想起当年离职的心情，"难以开口道再见，就让一切走远……"那时，他毅然挥别栽培了自己十几年的老东家，那声"再见"不仅难开口，更差一点就撕破脸。

时光拉回多年前他离职那天的场面，岁月的水晶球里浮现出两个人：一个是阿敏，一个是他的主管江姐。耳边仿佛传来盛竹如以低沉的声音缓缓配着旁白："十几年来，阿敏在这家电视台，从一个小记者一路爬到当家主播的位置，此时，有家新电视台开台，高薪挖角阿敏去当主持人，他内心激动不已，也让自己走入了职场蜘蛛网。究竟，这是命运的捉弄还是贪婪在作祟，让我们继续看下去……"（音乐下）

一边是自己如鱼得水，早已熟悉如家常便饭的新闻环境；一边则毫无旧包袱，带给他开展新梦想的可能。

如此两难，然而，他终究得做出选择……

如果顾了情分不走，就是对不起自己

"你要离职？会不会太没有良心！要不是公司栽培你，你能有今天吗？如果是去其他大媒体，我会祝福你。去这种刚开台的烂台，都不用我去损你，你就会消失在荧光幕前了。你敢走试试看，我一定封杀你，到时候你不要后悔！"

阿敏的主管江姐气炸了，又是拍桌，又是威胁。过去她对阿敏有多重视，现在她就有多愤怒。

提辞呈的消息传开后，阿敏从"血统纯正"的"国王人马"被贬为"叛徒"。在公开场合，昔日热络的同事都不太敢跟他这个"叛徒"说话，生怕被归类为也别有二心。阿敏每天被大家当成空气，明明存在却被视而不见，真是度日如年。

播新闻久了，总会有职业倦怠。他厌倦对着读稿机讲话，总觉得自己像一只穿西装的鹦鹉对着荧幕向全国的观众说："我会讲话。"这只鹦鹉不但会说话，还会普通话、闽南语双声带。

阿敏腻了。他想独当一面，做节目主持人。放眼他工作的电视台里，主持人的位置早就被更资深的主播卡位卡死了，按字论辈，不知道要猴年马月才能轮到自己。

新电视台捧着三倍的薪水，欢欢喜喜地恭迎阿敏去当主持人，帮他开节目、加薪，还挂上主播与制作人的头衔，实现了他所有职业生涯的梦想。

阿敏思前想后，最后告诉自己说："钱多，位置好，自主性更高。在新公司，我是唯一的头牌；在旧东家，论资历，我还是小跟班。如果我顾了情分不走，就是对不起自己。"

阿敏最后一天上班那天，他播报完新闻后，江姐买了一大

束鲜花，带着其他工作人员来欢送，场面温馨。

他在感动之余，对江姐说："我很感谢你最后原谅我了，让我走得更坦然。如果没有你的祝福，我心里多少会有遗憾跟感叹。虽然离职了，还是想好聚好散啊！"

该不该跳槽？以这三点来评估

阿敏走后，他的播报时段立刻补上了人，收视率也没掉。

一家公司从来不会因为少了谁就倒掉。人来人去，如走马灯般流转，明天又是新的一天。相比起来，自己的一生，从天上掉下来的好机会屈指可数，错过了一次伯乐，你这匹千里马可能就会困守马厩，得再等很久才能"飞龙在天"。

到底该不该跳槽？在思考的时候，你要有以下这三点评估的原则：

一、升迁发展出现了瓶颈

"升迁"二字牵动的不仅是主管对你是否看重，也将反映在你的薪水结构上——若职务不调升，薪水就会冻结，而愈有制度的大公司，职务层级与薪水是连动的。

当你面对挖角，考虑要不要跳槽时，可先盘点一下自己在公司的薪水和位置是否已到达瓶颈。

如果还有谈的空间，提离职时，可以直接提出你的期待；但公司也可能拒绝你，有时候不是公司不重用，而是这个产业已经是夕阳产业了，主管手上没有资源帮你调薪水，这时你就可以看得更清楚，更明快地做出决定。

以阿敏的例子来说，他想要当主持人，然而，放眼公司的位置已被资深前辈卡死了。相较之下，跳槽到新东家能让自己多一项资历，有更多的自主空间，一口气大跃进，省去抽号码牌等公司叫号的时间，对他而言，这样的跳槽是一举多得，就能放手一搏。

二、产业调薪结构与自己的个性

大家出来工作，说白了就是为了赚钱。薪水不委屈，上班才有动力。

企业调薪，有的产业是按照能力表现，有的是齐头式平等。依能力调薪水的企业以外商较多，不过相对地在"砍人"时也不手软；台资企业的调薪幅度少，但也较为安稳。

因此在考量是否跳槽时，除了评估薪水外，也该把你自己的个性列入考量。

例如，阿敏身处的传播业正是靠跳槽来加薪的产业。新手跳槽三次，薪资就有可能超越从不跳槽的前辈；假如又碰上新电视台成立了大挖角，薪水更是八级跳！如果你是乖乖牌，投入这个产业，在薪水上就比较容易吃亏。

三、学习新技能，增加竞争力，为身价烫金

除了金钱之外，在新环境能不能学到自己想要的新技能，甚至是转行的技能，也是另外一个评估是否跳槽的重点。

若能学到你渴望的技术，就算在头衔上、薪水上暂时委屈点，也值得去考虑，因为那是先蹲后跳，给你一个新的职场生涯、一个新的发展，增加竞争力。

如果旧有的技能，可以结合新技能，怀有双重专业在未来将更有竞争力。"复合型"的人才，身价往往可以烫金。例如，有理工科背景加上法律专业的专利工程师，或是有财经背景加上传播专业的公关人才，这样的薪水价码更好谈，也使你更不容易被取代。

能否冲破重围，就看你有没有竞争力

阿敏不顾人情压力决定走人后，在新东家的表现亮眼，稳坐头牌一哥的位置。世事变化大，当年对他拍桌的江姐几年后在旧东家失势，也跳槽来到这家新电视台当主管。两人相见没有尴尬，阿敏热络地为江姐介绍环境，回报她过去照顾自己的恩情。

职场无绝对，自己的前途，只能自己顾。当年如果阿敏顾了江姐的提携之情，决定不走人，不仅错过了更上层楼的机会，几年后看到江姐跳槽，岂不悔恨当初。

要实现自己的事业梦想，最重要的不是当个人人称赞的好人，最核心的价值是"你有实力"，累积顾好这一点才是根本。一个没有竞争力的好人，怎样也无法突围胜出。

一家公司从来不会因为少了谁就倒掉。

相比起来，自己的一生中，从天上掉下来的好机会屈指可数，错过了一次伯乐，你这匹千里马可能就会困守马厩，得再等很久才能"飞龙在天"。

当你自己够强，
还能帮助别人，人脉自然广博

人脉关系要长久，最好的状态是彼此势均力敌，可以互惠互利。

职场上交的朋友很像流水，船过水无痕，离职后只剩在脸书上偶尔点点赞。会继续保持密切联络，一定是因为彼此个性契合，聊得来，情真意浓，就能变成情义相挺的朋友。小香和小丽就是我从职场上捡来的珍贵朋友。

小香是企业公关，非常受记者欢迎，曝光绩效稳坐业界的第一把交椅。她经营人脉的方法很有一套。

于公，她深知有很多记者对财经领域不够娴熟，于是努力

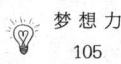

进修财经专业知识，可以细细帮记者解说，替记者解决掉痛苦，顺势就能帮公司争取到媒体曝光，也让自己成为最权威的受访者。

于私，她出国时，总会暖心地带点小礼物回来给记者们，千里之外也送礼，感情自然深厚。私底下，记者们很爱找她一起聚餐，分享趣闻，酒酣耳热变成了朋友。既然是朋友，就会力挺。有时他们公司的记者会特别没有新闻性，怎么看都不会有记者到场，但总有五六位记者会看在与小香的交情，特别过去一下捧个场，可见她做人多成功。

过去我在电视台当主管时，每到中秋节、端午节和过年这三大节日，企业总会请公关开出媒体送礼名单，打点关系，收到的礼品大概有三四十盒，根本吃不完。不过，人在人情在，人走茶凉。我离开电视台后没了利用价值，昔日往来的企业在资源有限下，自然就不再分一份礼给我，彼此也都能理解这就是职场的游戏规则。

我离开媒体业的那年，中秋节时仅收到两份礼品，一份是小香寄来的乌龙茶茶叶，还有一份是另一家企业公关小丽送来的手工面包。

以前礼品收得多时，我根本没当一回事，随手便转送给张

三、李四。然而，那年中秋的这两份礼，特别刻印在我心上。过去收到的山珍海味、龙虾鲍鱼罐头，送给我的原因是因为身份，唯有这两份礼是送给我这个人，太感人了！

当时我在内心默默说着："小香、小丽，你们两人以后有事情，都算我黄大米的！"

多年后，认真的小丽在职场卡关，转换几次工作都不太满意。刚好我身边有位好友苦于找不到专业的营销人才，我知道小丽很有能力，积极介绍，朋友录用后赞不绝口。我成了小丽口中的贵人，她很感谢我，殊不知是她当年对我重情义，让我感动在心，我才会在第一时间想到推荐她。

人生每一次的低潮，不仅是在考验自己的EQ，同时也会刷去一些朋友。人情冷暖在心中，能一起陪伴走过低谷，就是一辈子的朋友。

深刻情谊的建立是他冠盖满京华时，你送上掌声；他斯人独憔悴时，你替他点盏灯，送上温暖。

建立人脉的四大关键要点

这是个人脉的世界。要建立深厚的人脉，有四个关键要点：

一、不势利眼,肯帮助"落水狗",患难之情最深刻

人与人之间怕的不是付出,而是对错的人付出,那些感情和恩德如同肉包子打狗,有去无回。

人缘好、人脉广的人有个特点,就是收之涓滴,都会涌泉以报。

你为人怎样,大家都在看。周围的人观察到你是有情有义之人,自然也愿意对你付出,抢着和你当朋友。

在职场上待久了大家都深知,会出卖别人的人,有一朝也会出卖自己,因此看到了一个真心真意对人的傻子,大家都会想捡起来当朋友。帮助落难、失意的朋友,不仅是建立起你和他之间的深厚交情,也会打动许多身旁的人。

朋友失业或者转换跑道时,问候一下他是否需要帮忙,约出来吃吃饭、聊聊天,让他知道你永远都在。

陪伴是药,抚慰对方受伤的心,这种关系才会深厚。

这是个人脉的世界,
你的第一个且最重要的人脉,
就是『有实力的自己』。

二、自己要有实力

人啊，说到底，最爱的是自己。想受人欢迎，要有"帮助别人"的实力——实力会推升出更多人脉，不断地提升你自己，让人想接近你，这是人脉的核心。当你够强大的时候，机会将如喷泉涌向你，挡都挡不住，人人都想帮你一把。

若你有实力，你的"同温层"的实力也不容小觑。许多人去念EMBA（工商管理硕士）就是为了交朋友，结识更多厉害的"同温层"，透过学校帮你过滤同学的社经地位，让大家可以强强联手。

人脉要能长久，最好的状态是彼此势均力敌，可以互惠互利。当你很弱的时候，你的人脉也跟着变少了。

龙交龙，凤交凤，老鼠交老鼠，就是这道理。马云就算跟你合照，你们也不是朋友；张惠妹和你搭肩，你们也不是同挂的，因为你还不是个"人物"。

然而，马云与张惠妹虽然分属不同领域，却可能有机会一起把酒言欢。为什么呢？因为他们都是大咖，交流起来畅快。换句话说，当他们在谈去法国哪边喝红酒时，你只能聊屏东的红豆饼，哪家是正宗。这话题怎么继续？当他们在讲转手了几栋豪宅时，你在感叹房租一个月一万元真贵，话题对不上，只能傻笑，怎么可能变成人脉。

所以，你的第一个且最重要的人脉，就是"有实力的自己"。

三、做人真诚，才能有好人脉

深厚的交情，一定来自彼此的真心付出，谁都不想和漫天说谎的人当朋友。诚实是最好的策略，也是最简单的策略。机关算尽，不如以诚待人。

我的朋友阿强常说自己的人脉达三江、通四海。为了跟名人合照贴脸书，他常常参加节目录像，想让人生跟着沾光。他夸口名人常向他买房，用自信的语气说着："歌坛小天后在东区的房子都是我介绍的，翻涨很多倍，赚很多钱。买房找我就对了！我和很多名人很有交情，很常吃饭的。"

然而，阿强深知名人不会单独跟他吃饭的，因此他常用两面手法来达成目的。

阿强："后天晚上聚餐，你可以来吗？"

何主播："我当天要播新闻，没办法啊！"

阿强："汽车业的张总会来，很难得。你见一下，来一

下嘛！"

何主播："这样啊，张总会到……好，我播完过去。"

一挂上电话，阿强立刻打给张总。

阿强："张总，后天有个聚餐，你可以来吗？"

张总："我有会议走不开。"

阿强："电视台当家的何主播也会来，你来认识一下，以后会有帮助的啦！"

张总："何主播吗？好，我把会议移开。"

阿强靠着两面手法与不少名人吃饭，脸书上那本"名人欢喜来相会"的相簿总会定期更新，吸引了很多赞。这种欺瞒的手法日久被看破，使他诚信破产。那些合照的名人是他的人脉吗？恐怕连朋友都谈不上吧！

四、工作态度佳，人脉自然来

人脉常常来自你所接触的客户及业务合作的对象。

小云是某个网站编辑兼脸书小编。这年头，小编的工作包山包海，无论客诉、产品订购、洽谈企业合作到拉赞助，统统都要管。她常笑着说："我住在海边——管很宽、很宽喔！"

我是在洽谈网站合作时认识她的。平常互动往来时，就觉得这个编辑很认真，跟她吃过一次饭后，发现她聪明伶俐，便暗暗想着：下次缺编辑时，就挖她过来。后来才知道，想挖角她的人还有别家网站的主管。

认真工作的人，每个企业都爱，他们身上会闪耀一种光芒，吸引贵人上门。

有很多人以为只要加入了对方的脸书，常常互相按赞、吃过几次饭，就是人脉。坦白讲，那并不叫人脉，只代表你们知道彼此，有点认识。

"赞赞之友"要变成好朋友，除了气味相投外，关键是：你要在身处的领域里是个"咖"。当你在某个产业是顶端人物的时候，大家就会来巴着你、黏着你，机会自然源源不绝。

想受人欢迎，要有"帮助别人"的实力——实力会让你积累更多人脉，不断地提升你自己，让人想接近你，这是人脉的核心。

别怀疑,上班第一天,
你就要设定离职日期

你很清楚这里是抵达目标的"终点站",不是你梦想的"终点站"。

"来来来!我们来点唱这首《萍聚》,祝福我们阿米!掌声鼓励!"

卡拉OK大荧幕上跳出小白点,前辈芳姐走上舞台,开心地唱起来:"别管以后将如何结束,至少我们曾经相聚过……"

这是我在宜兰地方电视台工作的最后一晚,电视台的摄影大哥、助理加主持人一群人帮我办欢送会,地点是农田中间的投币KTV。

那是我的第一份正式工作。

得到了梦想的第一枚"铜币"

当时才二十多岁的我,念的不是传播专业,却很想进传播公司。为了跨行抢饭碗,哪里有机会,我就往哪里去。记得从台北到宜兰面试时,人生地不熟的,我拿着地址搭出租车才能有礼貌地准时抵达。

没等多久,时尚又漂亮的总监走进面试的办公室,大大的眼睛像是在审视玩具一样地看着我,问:"你投的履历表是应聘记者,但我们记者都补满了。现在有缺主持人,你要不要?"

要要要!我要我要!统统都可以,绝对没有问题!我内心喊了一百个"我愿意",千言万语最后缩减成一个简单句:"嗯!好,我要。"

总监立刻转身往楼上走去,利落地朝我挥手示意,明快地说:"走,到摄影棚试镜。"

试镜?那是什么?她懒得跟我解释太多,一个口令、一个动作。要让新手最快学会飞翔,就是不顾死活地把他推出去,看他如何求生。

"你就坐上去那个台子,看着摄影机,我喊:'五四三二一,说话!'你就开始说。我没说停,你不能停。"

听着她的指令,我仿佛被按下了启动按钮,滔滔不绝地说着:"我是黄大米,××系毕业,我们这个系学的是公共政策、政治学、组织行为,毕业后可以考公务员,女生可以当官夫人,如果你没有走这两条路,你花四年念这些都没有用喔……"

总监扑哧笑了出来,大概觉得妙毙了,便恩赐地说了声:"停!可以了。"打断我的胡言乱语。接着她看了我一眼,点点头说:"你,很会讲话。"

我被录取了。

上班第一天,我就拿出行事历,翻到半年后,拿出红笔在日期上画圈,写上"离职"两个红字。上班第一天就设定好离职日,一开始就准备道别,因为我很清楚自己是来"拿资历"的,这里不是我职场的终点站。

我从台北搬到宜兰,是不让自己因为"非本专业"被传播圈刷掉。如此决然的理由只有一个:我要圆记者梦,我怎样都要到全国性电视台当记者。

在宜兰上班的日子很开心,主管很严格、很会骂人,但同事们之间有很深的革命情感,没事时,大家喝酒、吃饭配闲话，日子好惬意。然而，即使身处这么好的环境，也没有让我延后离职的日期。我像是要偷宝藏的海盗，拿到手就走，此地不宜久留；拿到这份资历之后，我得快点去拿下一份资历。

在异乡孤独地活着，感受寂寞的无边无际，但这些没有动摇我为了梦想继续付出努力。那时，我常坐在小套房前的楼梯口，摊开空空的双手，想着："有了地方电视台这个资历，等于拿到一枚铜币，我要拿铜币去换银币，再拿银币去换金币。"

"以物易物"这个古老的交易方式从来不会过时，我早早就悟出，这世界的游戏规则是"以小名牌换大名牌"。要快速收集到足够的企业品牌与资历，必须策略性地设定离职日期，一秒都不能浪费，这是圆梦的节奏，也是自己企盼成功的奏鸣曲。

我真的照表上课，在预定的离职日接近时，送出了离职单。

"你知不知道现在外面环境很差，你出去可能会找不到工作？"总监看着离职单，淡淡地说着，关心与嘲讽兼具。

我点点头说："我知道，谢谢总监的照顾。"

潇洒地说再见。离开是为了成长，而成长，是在沾满不安、未知、出走和归零的泥土中，等待养分俱足，开出芳香扑鼻的花。

"梦想的银币"在闪亮

搬回台北后，我每天投履历表，一起床就上人力招聘网站去看哪家电视台开了记者的职缺。然而，投出去的履历表却像是丢到黑洞里，连个回音也没有。我手机不离身，生怕错过通知，错过幸运降临。可是手机始终好安静，我怀疑它坏了，还用朋友的电话拨打给自己——没坏啊，铃声很大呢！

电话一直没响铃的主因，是没有公司要用我。

晚上无力感来袭，又是没消没息的一日。我变成一摊泥似的躺在床上，眼泪自动自发地从眼角流下。"为什么没人要我？为什么没人要我，我真的很努力耶！"沮丧是所有情绪的总和。想一圆梦想，真的需要极大的毅力。

"撑下去，撑下去。继续找，继续找……"我给自己打气，对家人则是报喜不报忧，南部故乡的爸妈都以为我在台北过得很好。

机会总会来敲门，只是需要耐心，等待它慢慢跑来。它真的来得比乌龟和蜗牛还慢啊！

有一天，我的手机终于响了，如同天籁。"我们是××电视台政论节目的制作单位,你有投履历表,对吗?"

天啊!是××电视台耶!我心脏狂跳,连忙说:"对对对,我有投履历表。"我很需要大电视台的资历,要我做什么都好,那是一枚银币,我要拿到它。

电话那头的人以非常冷静的声音接着问:"你是传播专业的吗?"

又来了,又要因为不是本专业而卡关了吗?希望的火在减弱,我怯生生地说:"我不是。"

她似乎还想给我一点机会,又问:"你有认识政治人物吗?"

希望的火逐渐熄灭,我尴尬地说:"没有。"

她再问:"你有发过通告、敲来宾的经验吗?"

希望的火灭了。我吸了一口气,绝望地说:"没有。"

"没有"连三发,一问三不知,任谁也不会想用我。

她明快地说:"好,再见。"

不——不要再见,不要收电话!我抢在她挂断电话前,慌乱又急切地说:"我知道你们刚开台,很缺人,有总机缺吗?工读生缺吗?我都可以,我都可以,我真的很有兴趣。"我没有逗点也没有停顿地说出这一串话,一如被宣判死刑前的挣扎。

电话里传来她的笑声,"都补满了。再见。"

机会曾经近在咫尺,瞬间又回去天涯——那么近,却也那么远。四周光线暗了,前途无光,心茫茫。我突然爆哭,趴在桌上呜咽,心痛而失语……

机会会走,机会也永远会再来。两天后,电话响起,来电显示又是××电视台打来。我接起电话,像是闹剧一样,同样的声音、同样的台词说着:"我们是××电视台政论节目的制作单位,你有投履历表,对吗?"

我的热情在上一通电话被消磨殆尽了,冷静地说:"对,我有投履历表,你前几天有打来。"

对方困惑地接话:"我说了什么?"

我像是向老天爷借了胆子,鼓起全身的力量,把这阵子失业的压力、梦难圆的焦虑及几天前被拒绝的打击,一口气爆开丢向了对方,恼怒地说:"你说你不要我!我告诉你,虽然我不是本专业的,没有认识政治人物,没有发过通告,但你们××电视台的招牌这么大,还怕没有人去上节目吗?政治人物上节目是因为你们招牌大,不是因为我!"

上气不接下气地说完了,泄了气的我抓紧手机,无依无靠。四周一片静寂,电话那头的她应该被突如其来的这顿嘶吼吓到了，安静几秒后，她像是想赌一把地说："你来上班吧！"

喔耶！我得到工作了，这份制作助理的工作是我"骂来的"。

制作助理的薪水仅有两万三，节目在高雄制作，我又得从台北搬家。但我不介意四处奔波，我要拿到"梦想的银币"——在大电视台的工作资历。

我辞掉所有家教跟兼职，放下了月收五万元的日子，往梦想的路上飞奔而去。但我也在上班第一天便翻开行事历，设定好一年后要离职。

预先设定离职日，让"金币"到手

那些年，我对每一份工作都敬业、认真，在职场上口碑良好，却也始终保持一份"姐只是路过"的洒脱。在终极梦想达成前，永久居留是浪费时间。在这么拼的情况下，后来当然顺利拿到"金币"，一圆记者梦，天道酬勤，合情合理。

上班第一天就设定离职日期，对于想追梦的人来说是有许多好处的，这可以从三个角度来看。

一、你进这家公司图的是什么

做人可以傻气，职业生涯不能傻干。选择一家公司的某个位置去任职，要思考这个职位对于你往下一步有什么帮助，是否让你更接近理想人生一点。

公司能给予你的东西大概有这几项：

（一）金钱：圆梦的路上，第一份薪水大部分都不太多，一来你还年轻，年资少又缺乏专业能力，薪水自然不高。既然不管哪一行给新手的薪水都不多，何不选择做自己想做的事情。若是困在鸡肋般的工作中，没赚到钱也没赚到开心，就太傻了。

倘若公司给你高薪，那你是否要舍弃梦想？这决定很个人化，但有种评估的方法：请把薪水与梦想拿出来放在天平上称一称，让数字说话。例如，用月薪四万元买走你的梦想，你会不会不甘心？

（二）专业技能：学非所用已经是常态了。我有个朋友从事劳工安全管理工作，大学念化工的他，所有工安的相关证照与专业技能都是上班后才学会的。我采访写作的能力，也是电视台训练的。

如果工作上可以学习到圆梦的技能，就颇值得考虑。每个职位需要的专业技能不同，你只要学自己想学的，并且学精、学好就可以了。别在同一时间奢想学太多东西，因为一个人的时间和体力都是有限的。你需要能决定什么才是最必要的关键学习。

（三）履历镀金：大品牌的企业可以让履历镀金。如同我之前说的，这是个"名牌换名牌"的世界，你的履历有大公司的加持，将让你更有机会往顶尖企业迈进。

每年都有"大学生最想进去的企业"调查，这些入榜的企业，薪水给得不一定高，甚至可能低于业界行情，每天很操心、很累。为何大家还要挤破头进去？因为履历上有一两家大品牌公司的资历，等于拿到了职场"任意门"，方便你未来穿梭各企业，资历丰厚后，主客易位，换成你来挑公司，也将有助于梦想的实现。

至于实现梦想后，你要不要继续待在大企业，那就不一定了，职业生涯规划要随着年龄、心境与体力，产生阶段性的转换。总之，拿着一两张大企业的护身符，想冲刺时可以更上层楼；想休息时，也会有适合养老的地方，让你的日子平安过。

当你年资尚浅时，进入一家公司，很难把前面三项一次集

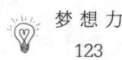
梦想力
123

全。你该思考的是在逐梦的路上，最先要拿到的是什么。梦想往往不是一步就能到位的，大部分都是逐渐接近，一边接近，也一边调整脚步与目标。梦想，是逐渐校正的过程。

以我自己的例子来看，去地方电视台工作，是为了让履历表能写上电视台的媒体资历。公司虽然不具备高知名度，但是在产业的专业训练上与大电视台几乎是大同小异，学习到的专业技能在后来也派上了用场。后来跳槽去大电视台，是为了让履历镀金，有第一家知名媒体的资历，将有助于我往更大的电视台迈进。虽然这两份工作都不是当记者（前者是节目主持人，后者做制作助理），但是到第三份工作时，我就顺利当上记者了。

我的梦想逐步到位，人生从没有白走的路。

别只是日复一日地傻傻上班，要知道自己为何而来，为何而走。公司是用来让自己赚钱与成长的地方。要当个有企图心的圆梦人，为自己的梦想而工作。

不要抱怨公司把员工当免洗筷，你也可以把公司当即可抛。千万别忘记，你可以掌握选择权，不喜欢一间学校都可以转学了，为什么换个工作要觉得为难。职场是拿劳务或者专业交换金钱，拥有愈高利用价值的人就能换到愈多的钱，这是一桩很单纯的买卖。

公司就像超市一样，里面的货品（职位与专业技能）很多，你不可能全部买走，带走自己想要的就对了。甚至你该把自己当作一家公司，大脑和身体该有什么装备、怎样的功能性，才能变成抢手的"变形金刚"，这才是你每次转换工作时该思考的课题，功能性愈多元，竞争力也愈高。想想看：如果哆啦A梦的口袋只拿得出一样法宝，那只画一集就没戏唱了。

二、给自己时间压力

当学生时，每逢大考，考前两三天的阅读量与读书效果最好。为什么呢？因为时间压力倍增，分分秒秒都不能浪费。压力可以使人成长，压力能够让人大跃进，压力足以把木炭变钻石。上班第一天便设定离职日期，就像是在给自己设定期末考，在离职日到来前，要把握时间去学会专业的技能，无论是跪求前辈教导或熬夜学习都不会觉得苦，因为姐不是在加班，是在练功，是在让自己翅膀变硬，时间一到，展翅高飞。

三、有助于适应能力变强，人脉增广，不卷入派系

上班第一天就设定离职日期，会让你有一阵子处于常常跳

槽的阶段，对环境的变动有很高的适应性，一如游牧民族，无论遇上高温、高寒或酷暑等天候变化，都能活得好好的。勇于接受挑战的人，整个世界都是他的舒适圈。

在人际关系上，则有助于让你擅长四处认识朋友，交朋友的能力大增。一如你去海外游学，虽然心知肚明这是短暂的交会，但也因为你无意追逐公司的升迁，不会卷入公司的派系纠纷，黑派、白派皆朋友，跟谁都无利害冲突，人缘自然好。反之，如果整间公司的同事都看你不顺眼，你也不会太痛苦，毕竟你深知自己只是短暂停留，离职后便老死不相见，也乐得相安无事，少了情绪上的纠结。

我仅仅在宜兰工作半年，迄今仍与当时的几位同事联络。后来朋友到宜兰玩，我是最好的导游，因为在那半年期间，同事们带我四处跑、四处玩，真是赚到资历、赚到钱、赚到朋友，还赚到游山玩水的机会。

你听从自己内心的呼唤,努力去做,活在那样热血的单纯之中,就是幸福。

梦想，是你全身的细胞在跟你说话

记得刚从宜兰搬回台北的那段日子，我靠兼职度日，接家教、接外稿，还有在电台打工。家教学生很多，钟点费也不少，毕竟接家教是为了钱，做不热爱的事情，钱要拿得多一点，才会愿意忍。做喜欢做的事情就可以不计较钱，电台打工一小时一百元，写外稿一个字一块钱，难赚死了。但为何我还要做？从事媒体业的兼职，我看的不是钱，而是为了累积资历，博取有一天被看见的机会。

以我那段集铜币、银币和金币的历程来看，关于追逐梦想，有三个重点想跟你分享。

一、逐梦有什么条件？你够喜欢、够爱就可以

为什么我这么想当记者？应该是因为我喜欢记者的生活形态，可以一直接触新事物，工作中能不断学习，以及我相信世界上还是有公平、正义，我想要透过自己的力量，实现一点点这样的理想。

纵然可以说出"为什么喜欢"的粗浅轮廓，我却无法解释很深层或者全面的原因。最强烈的动机其实是"细胞的呐喊"——梦想是你全身的细胞在跟你说话，然后以一种隐形声控的力量，要你去拿。

逐梦的条件是什么？只要你够喜欢、够爱就可以，就会有挡都挡不住的动力，半夜墓仔埔也敢去的勇气。

你听从自己内心的呼唤，努力去做，活在那样热血的单纯之中，就是幸福。

二、圆梦的过程有什么坚持？你不能跟家人说苦

走不一样的路，家人很可能会反对。

世界变化得太快也太剧烈了，父母能理解的世界是过去的世界，而你看到的是未来的世界，所以父母无法理解当个Youtuber为什么可以赚到很多钱，无法懂脸书直播为什么有利可图。

当你走一条人烟稀少的路，那美丽的风景无人知晓，那是蓝海，也是大利益之所在；你很清楚，但家人无法理解。所以在逐梦的过程中，你只能报喜不报忧，绝对不能喊苦，一喊苦，家人就会要你打退堂鼓，平添阻碍。

我在当家教的时期，月收入约五万。后来去做制作助理的

月薪是两万三，生活质量大大下降，从买一双鞋子四千元不肉痛的大小姐，变成买一罐两百多元化妆水还货比三家的小资女，精算每毫升是几块钱。日子苦不苦？我不觉得苦喔！那时有一种自己正在往梦想的目标前进的奋斗感，充满了希望。有梦，喝水也会甜。

当制作助理期间，节目录像完，晚上七八点下班是正常；赶录像存档时，就算十点下班也不意外。当时我住在高雄老家，南部的上班族都五六点就下班了，我妈妈常念说："你怎么整天都在加班？都在做什么啊？做得这么辛苦。"我都笑笑地说："没有啦，工作很有趣，都在玩儿啦。"

我的家人都是公务员，他们一生都只做一份工作，无法理解为什么我常常在换工作，赚的钱又少。我在工作上遇到了任何不如意，都不会跟家人说。

他们是什么时候开始认同我的工作呢？当我的薪水达到一定的水平时，他们就安心了，也会跟街坊邻居说女儿在电视台工作。我终于成了他们的骄傲。

追梦的路上，日子苦的时候，跟朋友聊聊，抒发情绪，互相打打气就好。向家人诉苦想讨拍取暖，只会得到更多碎碎念与唠叨大轰炸，你要练习闭嘴，坚定脚步，努力往前走就好。

没成功前，你是傻子，傻子说什么都是傻话。

成功之后，你是天才，每句话都是独到的见解，不得了的才华。

三、追梦的路上有什么阻碍？被嘲讽和打击是必然

去翻翻名人传记，会发现每一个看似光鲜亮丽的人，都经历过很多被嘲笑与挣扎的阶段。蔡依林曾经被嘲笑胖，甚至被评为十大烂歌手之一，周杰伦被说唱歌像含着卤蛋，刚出道的他们，一定也都很难过吧！J. K. 罗琳的《哈利波特》被英国十二家出版商拒绝过，生活困顿，领社会福利补助过日。看看前人，你会了解在追梦的路上，被打击是必然，低潮和受嘲讽是通往成功的前哨站。

失败是一个筛子，淘汰掉了意志不坚的人。故事若中断在失败，结局就是唏嘘；相反地，拼死都要达到成功才肯画下句点，写下好结局，就会赢得掌声。

别只是日复一日地傻傻上班，要知道自己为何而来，为何而走。公司是用来让自己赚钱与成长的地方。要当个有企图心的圆梦人，为自己的梦想而工作。

三十九岁当科技大厂总经理,他说:
"我没有梦想,我只追逐有趣。"

努力与胆识是你无法靠爸、靠妈时,最好的靠山。

"我没有梦想啊!我真的没有。"阿勋这样说时,我呆掉了。"你们的梦想是那种一辈子的追求。我真的没有什么东西想追求一辈子。我只想着三到五年,我要追逐什么。我这辈子追的东西都要'有趣',至少是我觉得有趣。"

他是我们大学班上成就最高的人,三十九岁当上科技大厂的总经理,在科技业的第一个履历是董事长特助,第二个履历就是总经理。他的个性非常务实,像环游世界这种梦,他是没有的,但成功人士,口袋里不是随时都有一本"教你第一次实现梦想就上手"的话术小本子吗？可恶！他居然没有。

阿勋的厉害来自他的年轻、他的头衔，也来自他待的集团属于世界级，是那种如果公司不小心倒了，台湾的GDP就会下降不少的那种等级。

"你又不是念理工的，怎么敢接科技厂的总经理啊？"我直白地问他。

他没有富爸爸、贵妈妈，大学时代租破旧小套房，骑小摩托车。他也没有留英、留美之类的，半口洋墨水都没喝，拿的是私立大学文法商学院毕业的文凭。

"老板敢要我接总经理，我为什么不敢？他都不怕了，我怕什么。无论如何也多了一个总经理的资历，怎样都不亏。"

公司人才济济，同事们对新事业却步，对没碰过的东西感到惧怕，纷纷躲避，生怕被放去要肩负开疆辟土大任的冷衙门。

我问："其他人呢？你们公司有满坑满谷的科技人才，他们呢？"

"他们不敢啊！他们因为太了解科技业，只想到这个新事业体万一失败怎么办。我没想过失败，我只想到可能！"

简短几句话就看出他的气魄，当下我笑了出来，心想：真有你的！

过去每个阶段的努力，都是现在的根基

虽然隔行如隔山，可是在山与山之间或许有条捷径。你爬着人生的高山，可能会遇到泥泞歹路，也有可能遇到快速道路，但你总是要努力爬、认真爬，才有机会被看见。

阿勋职场的转折点在某次的提案。他原本在广告公司，到科技大厂比稿，别家公司只是不断强调数字的提升，唯有他还帮客户兼顾了营销与策略，思虑的周延与独特的策略让董事长眼睛一亮。之后，他的每次提案都不是提案了，而是一场又一场的面试。经过八次提案之后，董事长找他当特助。

机会一如阳光，曾经洒落在所有去提案的人身上，但只有阿勋靠着过去在广告公司累积的深厚实力，聚焦了老板的眼光，拿到更上层楼的钥匙。

十年磨一剑，过去每个阶段的努力宛如一块又一块往上叠起的砖块，每一块都是根基。一如童话故事《三只小猪》，唯有一步一脚印，认真用砖块盖房子的小猪，在时间的考验下屹立不摇，也印证了努力与胆识是你无法靠爸、靠妈时，最好的靠山。

回首一切，他恳切地说："一辈子最难得的是'机会'，你要抓住它,你要跟它赌一把!"

科技集团的龙门打开了,但是鱼要跃龙门,头过了,身不一定过,之后的战场犹如水中鱼要爬上岸,无比艰难。阿勋务实地说:"每个位置都有它的难。如果我继续走原本的广告业,大概百分之九十都能掌握;换到科技业,我能掌握的就只剩下百分之五不到,底下的冰山是百分之一百二十或百分之两百,我完全都不知道。"

跨行之路,难如上青天。难在要将冰冷的产品变得温暖可亲,还得让产品随着市场与时俱进。而"市场在哪"更是未知的难处。

尼采有句名言:"打不倒我的,终将让我变强。"第一次的产品发表会,阿勋犹如将军上战场,出门前对老婆说:"这次的活动如果成功,我会在职场上跳好几阶,就算失败了,我也只是回到原本的地方,几年后回头看看,也不过就是一次失败。所以我宁可冒险,也不能错过一次好机会。"

在发表会上,他挥别科技人的死板板,不以艰难的数字呈现产品,改用噱头去吸引媒体的目光,打动了潜在客户,让其上门。活动结束后,很多人打电话向他们购买产品。阿勋让老板第一次感受到市场的动静,成功站稳了第一步。

"你的策略好灵活啊!"我打从心底佩服老同学。

他笑着告诉我:"过去专业能力的打底会影响你一辈子。其实科技业到最后也是思考人的需求、人的互动,这和广告业是相通的。"

头衔或年资皆可抛,唯有前进的脚步不能停

我想多听他聊聊换跑道的心得。

"在我跳槽之前,已经有四个广告业副总的空缺来挖角,没去是因为那些位置没意思。我愿意跳槽是觉得这家公司的产品很有趣,很吸引我。我对工作考量的点只有一个,就是自己想不想做、感不感兴趣。至于工作量多大,我完全不在意,这是快速成长必经的过程。"

阿勋不追逐梦、不追逐头衔,只追逐"有趣"。他像是在玩拼图,每三到五年审核一下自己还缺了哪一块,缺了就想办法去拿。离开任何一家公司,他都不贪恋位置、头衔或年资等,这些乃身外之物,可以月抛,也可以日抛,唯有前进的脚步不能停。从他大学时期打工的选择,就能看出这项谋略。

大二时,同学们打工都去快餐店,他却选择当大学校园报

的营销,四处拜访客户拉广告、办活动,明明还是学生,却装出大人的模样四处提案,使他比同龄的人早熟,也更早看透了职场的游戏规则。

"很少有公司愿意花时间和成本栽培新人,大家都想要捡现成的。"他摇摇头说。但也因此,大学毕业后,当同期的新人面试时还在说:"我很愿意学。"他却已经可以秀出成品,对企业来讲当然高下立判,他才刚毕业就无缝接轨地得到在公关公司的工作,位置和起薪都很漂亮。

然而,对不安的灵魂来说,舒适是种折磨。在公关公司挂上经理职务时,他不是喜滋滋地庆祝,而是看到了自己发展的局限。"这位置没有资源。所谓资源,说白了就是可以运用的钱。我想要玩大钱、大预算,一个签名下去是几千万、几百万预算的,这是格局,也是高度的训练。广告代理商手上有很多预算,钱的味道很浓,所以我愿意跳槽过去,从最基层的专员做起。"

到了新环境,阿勋投入最大心力,并且捡别人放弃或不敢执行的高难度工作来做。"其实都是很重要的岗位,愿意接下来,一来是想磨炼自己,二来老板会看在眼里,感谢在心里。总之,就是别人想躲的事情,我来做!"

我也深有同感地点点头。

在广告代理商工作的时期，阿勋年年调薪，同期的同事都好羡慕，却没人去思考他换了几家公司，几乎都是"降薪跳槽"。

像阿勋这种表现出色的职场战将，愿意降薪跳槽，当然是个谋略。狮子为了拿下猎物，蹲身缓步前进，等待那瞬间加速度百米地猛然飞冲，一口叼住肉的快感与胜利感。

果然被我料中，阿勋说："我从不看一时的。"

他不看眼前的薪水能不能有十万，他要的是将来能不能有一百万、一千万。说白了，他要的是未来每个月能在户头看到下钱雨。野心长在骨子里，谈话时，他狮子般的利爪全张开。

钱不脏，钱是站稳社会地位的筹码。"四十岁以前追逐钱，我认为是很正确，也是容易被肯定的。"他突然严肃地告诉我。

攀上人生高峰的三大重点

从公关经理、香港广告代理商小专员、小广告公司副总监到科技集团总经理，几个资历的高度都不同，大公司和小公司，他也都待过。

"我在大公司时就在想:是我很厉害?还是公司的牌子厉害?所以我要测试一下,转任到小不啦叽的广告公司时,身兼数职从客户开发到接案统统都是我,好处是能够看到全貌。头衔大不一定好啊!我以前头衔小的时候面对客户,不想同意时就说要回去问问主管。现在我都挂到总经理了,再拿这句话出来挡,不就很怪了吗?"

阿勋说他常在搭地铁时想:我现在是科技集团的总经理,每天还是搭地铁上下班,跟大家没有什么不同;唯一不同的是现在待的公司很大,是大家看我的角度不同了。

阿勋是我们同学间的传奇,也是话题。听他聊着往事,我突然可以理解他超越同学们的原因。他对待自己像是灵魂出窍般,站在一个高度,冷眼审查自己每一步的前进,带着脑子微调每一次的进退,直到抵达目标为止。

"你的这些经历实在太'有趣'了,分享出来的话,可以帮到很多年轻人哪!"

听我这么讲,他爽快地说:"好。那我接下来说的这三点,你要特别注明,让读者们拿出荧光笔,打上星星做记号。"

以下就是阿勋归结出自己攀爬人生高峰的三大重点。大家请拿出荧光笔画线!

一、观察力

无论对方是客户还是主管,都要能观察他们的言行举止、行为与思考模式,去推测出他们的需要和想法。在他们还没开口前,抢先一步抓住他们要的东西。如此一来,对方会对你的观察力及敏锐度大感惊艳,对你留下深刻的好印象。

二、人脉

人脉不是仅局限于你的主管或者同事,也很可能是你的客户。阿勋就是去向客户提案时被挖角。有时,他内心会冒出一个声音说:"如果当初我是投履历表应聘,应该不会被录取,因为在白纸黑字条例式的履历表上,绝对没办法展现如变色龙般可随环境应变、解决问题的能力,录取的可能性自然大大降低。"

人脉无所不在。在经营人脉时,不要急着去判断这个人对你是否有益处,世界很小,你无法预料何时会需要这个人的帮助。

三、好奇心

随时保持一颗好奇心与开放的态度,对任何事情都要勇于去认识、去尝试。阿勋从小的广告公司到大型科技业集团,就是受到好奇心的驱使,想看看这么大的公司如何运作,也想知道外面的世界有多大。

掌握这三点,你不见得可以当上总经理,但可以确定的是,一定可以让你成为自己人生场域中的红人!

有些人天生不适合婚姻、不爱小孩，在追梦中找到自我价值

这是卡位战，戏棚下的人站久了就能粉墨登场，上台当台柱。

"播报新闻一节领三百元，比我大学时兼职当家教赚的还少。"

小涵传来的讯息无奈地道出了新闻新手的辛酸。

她从小的梦想就是当电视新闻主播，没想到碰上电视圈不景气，主播的薪资大贬值，价码简直倒退回盘古开天辟地时期，从过往年薪三四百万的等级，变成兼职播报费一小时只有两三百元。昔日前辈们是满汉全席吃得满嘴油亮，等轮到小涵

来追梦时，桌上仅剩清粥小菜，只能暖胃，不能暖心。倘若你嫌弃不想吃，后面还有一堆好看的新手记者想抢来吃。

她自嘲说："你以后干脆叫我'三百块'，或者'不三不四'好了。"

自嘲归自嘲，转业的念头却没在她脑中浮现过。一个月的薪水加上播报费也有七万多元，比上不足，比下有余。

小涵是兼职主播。所谓兼职主播就是平常当记者跑新闻，假日播报。遇到播早上六点的晨间新闻，她得像公鸡一样勤奋，清晨四点就起床出门。

台北的冬天湿冷到穿什么都不暖。有一次聊天时，我问她："在寒风刺骨中骑车赶六点，只为了一小时赚三百元。这划得来吗？"

"当然值得啊！"她回答得没有丝毫犹豫。这是卡位战，戏棚下的人站久了就能粉墨登场，上台当台柱。

不过，主播也是人，也会睡过头，加上骑车状况多，风雨生的不是信心，而是满满的意外！路边"犁田"的痛总会有，膝盖破了皮得继续骑。

及时赶到现场却来不及化妆，有时先上个底妆就上去播了，等广告时再补妆——这个广告补腮红，下个广告补眼线、贴睫毛……随着时间过去，妆容愈来愈完整，等播到"感谢你们收看这节的整点新闻时"，刚好完妆，最美！

"播晚上六点的新闻是我的梦。等到那天，我会成为名人，薪水会翻很多倍，所有的努力都会回本的。"

小涵的事业心很强，也很有毅力，无论如何她都要圆梦——成为电视台的当家主播。只是要爬到这个位置，有命，也有运。她的大运还没到，考验就先来敲门了。

婚姻和事业，能否两全？

小涵和先生阿庭是大学同学。阿庭在科技业任职，一路支持、陪伴她。两人结婚时，小涵就跟阿庭讲白了——不生小孩。

一来，她天生不喜欢小孩，与生俱来地讨厌，就像有些人讨厌吃茄子、有些人怕狗一样，说不出为什么，却很清楚自己就是不喜欢。

二来，她知道自己热爱的这份工作不太适合生小孩。怎么说呢？她看多了生孩子请产假回来，主播位置就被其他人抢走。加上主播是靠外表吃饭的行业，小涵顾虑着说："万一怀孕后变胖，我也就毁了。上次有个主播生完后，怎样都瘦不下来,就被调去当节目制作人,往幕后发展,我不想要那样。"

小涵工作忙,老公阿庭也不遑多让,两人加班的节奏差不多,不过讲到生孩子这事情,看在婆婆眼里,总觉得都是小涵的责任。

阿庭本来很力挺妻子,可是随着时间过去,看看同事们都有了小孩,他的态度逐渐动摇了。加上婆婆希望他们传宗接代的压力愈来愈大,每次家族聚餐,婆婆总是频频追问生小孩的进度。

婆媳关系变得紧张,婆婆的话也愈讲愈难听:"不会下蛋的母鸡,我们是娶来干吗啦!""我都几岁了,还能活几年。阿庭啊,我要抱孙子,我不要你娶回来一尊菩萨供奉在家里拜。"

这些话任谁听了都会怒火中烧。婆婆贬抑小涵的工作价值,每句话都像冰块砸过来,让她一脸冰霜,仿佛不生小孩就不是好媳妇。阿庭劝她多体谅妈妈年纪大了,不要计较,夫妻关系降到了冰点。

每个人有自己的快乐来源

再见到小涵时,她已恢复单身了。

"验孕棒出现两条线时,我脸上没有喜悦,只有恨意,觉得人生支离破碎到连子宫都不是自己的。"

小涵说,那时她坚持要拿掉孩子,但手术需要丈夫阿庭签字。阿庭同意签字,附带条件就是小涵也要肯签字——离婚。

在离婚协议书上签名时,她想着:"当初婚礼筹备两个月,找了一堆政治人物来证婚,离婚却只花了一小时就搞定,人生还真是常常在瞎忙。"

婚姻的表面是爱情,骨子里则是牺牲、奉献与妥协,双方缩小自我,求取大家圆满。如果你是很自我、很有个性、很爱工作的人,就比较不适合这个制度。单身、同居或只谈恋爱都是好选择,没有必要在婚姻里面"缠足",走得颠簸脚又痛,只为了安身于社会制度。

离婚当天,小涵照常播报。她热爱她的工作,在工作中找自己的价值、存在感。很多人都觉得小涵是工作狂,她自己也承认,但那是她快乐的来源,胜过结婚、生子。

"我走了一趟婚姻之旅,发现自己不适合这个旅程,不继续跟着大家团进团出而已,没有什么。"

几年后,小涵发现要当上晚间六点的主播真的太难了,于是转业去大陆做生意,年薪冲破了四百万元,在北京、上海和台北都分别买了楼。她的成就感不再来自播报台上的露脸，而转为财富数字的累积。

听她聊起身边有稳定交往的男友。"那你要结婚吗？"我问她。

"不了！"她急忙挥手，现出一种"一朝被蛇咬，十年怕井绳"的神情。

听故事的你，或许想知道小涵的前夫后来如何。小涵说，阿庭在离婚没多久后就再婚了，新的人取代她从前的位置，生了两个小孩，一家幸福。

她热爱她的工作，在工作中，她找到了自己的价值和存在感。

当红主播为爱辞工作!
爱情,能当成人生大梦吗?

把自己的梦想寄托在别人身上,只会让你受委屈。

"美女的眼中是没有其他美女的。"小珊自信地说着。

这位名校毕业的高学历美女,从小有一堆追求者。她有一个玻璃罐放满了搭讪的纸条与小卡片,每张文情并茂的卡片都是炙热的暗恋,每个封存在瓶子里的骑士,都在等待被公主多看一眼。对小珊来说,这是炫耀瓶,纵然低调地放在房间角落,却是珍藏的宝物,罐子里一个个青春男子的爱恋,都在替她的美貌背书认证。

小珊的美很脱俗,加上口才好,她走入电视台新闻部的第一天，精致的脸庞便让其他女同事们议论纷纷——太具威胁了。人生胜利指数八十分。

别人想当主播要等时机、要求主管，小珊不用，那张中了基因乐透的脸蛋让她跑新闻不到半年，便以艳冠群芳之姿被保送上了主播台。对外受访时，她总会甜甜地笑着说："我还是很喜欢跑新闻。虽然未来的职务主要是播报，但是只要有机会，我还是会到第一线采访。我觉得一个好的主播绝对不是一台读稿机，采访经验的累积是很重要的。"

可是后来，她没再跑过新闻了。有一次选举时因为记者不够，主管希望她支援采访，她怒了。"都没人了吗？干吗要我去采访啊！"

就算是花瓶主播又如何？新闻播报得很好，这样就够了。

爱情，才是她人生唯一的梦想

电视台的大主管很满意，小珊也愈来愈红，在新生代主播中的人气极旺，气质颠倒众生，三不五时就有富家公子哥送花到电视台。

小珊根本不在乎这些，她常常笑着问大家："有没有同事等会下班要去看病或帮人庆生的？这束花谁要？送你们好吗？"花落谁家呢？公司的大垃圾桶。

原来她当主播只是为了满足家人的虚荣心。小珊没有事业心，爱情才是她人生唯一的梦想。每次翻看星座运势，事业、财运、健康，她统统不在乎，倒是爱情的部分她会详细阅读，字字拆解那玄之又玄的语意。在爱情里，她天真又浪漫。

专情的她，有个交往多年的会计师男友。

二十七岁时，她与男友订婚了，接着她便毫不恋栈地放下如日中天的主播事业，提出离职，还霸气地对主管说："播来播去就这样，我能播几年？青春有几年？只有傻妹才会天真地以为可以播一辈子。我要结婚了，我要跟我先生去美国进修，在那边生小孩。我的梦想是当个好太太。我不播了。"

主管好言慰留未果，扬言要封杀她，彻底和她撕破脸，说："好，你有种就不要出现在新闻圈，大家山水有相逢！"

小珊只是耸耸肩，歪着头并瞪着大眼回呛："我蔡小珊永远、永远、永远都不会再回电视台。"

铁了心甩门的声音，替代了道别。

父母对于她的贸然离职非常不谅解，却也拿她没办法。每当邻居问起怎么好久没看到小珊播新闻，二老也只能笑着说："我女儿想早点结婚生小孩，怕年纪大了生不出来。他们两个人感情可好着,先成家比较要紧,播新闻以后再看看好了。"

发票揭穿的桃色秘密

离职后,小珊的生活好优哉。有一天,她在未婚夫家里打扫,看到一叠发票便顺手拿起来要对奖,结果有几张发票的消费地点让她傻了眼——居然是汽车旅馆、精品旅馆,馆馆相连到天边,花样好多变!到底是多爱开房间啊?!

小珊手发抖,不敢置信地打电话给好姐妹,哭到上气不接下气地说:"天啊!我未婚夫常常去开房间,一起去的人不是我!发票上记载着他去的时间,我都正好在播新闻。我的播报班表原来是他开房间的时间表,太可笑了。"

小珊的心像是被鞭炮炸开,轰轰烈烈的情节,却宁静悲凉到哭也无声。

两人的未来没了。她的婚结不下去,主播台也回不去,连出门都是压力。亲友、邻居们关心婚期,或者好奇怎么好久都没见她播报,无论哪一个问题,都让她泪水决堤,无力招架。爸爸妈妈也忍不住骂她:"一事无成,好好的主播不当,把自己搞成这样。"

从小她就是爸妈的荣耀，他们放在床头的照片里，担任高中礼仪队队长的她笑得好甜，如阳光灿烂。她也深信人生将如此顺遂，谁想到会一夕之间崩溃！

房间里面那一大罐装满搭讪纸条的玻璃瓶，愈看愈刺眼。"骗人！这些都是骗人的东西，呜呜呜……"她歇斯底里地把玻璃瓶砸碎了。

爱情曾经是她的美梦，如今却成了她不愿回首的噩梦。

"人生如果能重来，我真想回到过去，阻止自己为爱丢辞呈的愚蠢。谁来让我回到过去？我后悔了，我真的后悔了……"

在排山倒海的压力下，小珊选择到英国进修。在异乡，她的脸再漂亮，也不会再被人指指点点。人生胜利指数好惨，零分。

新的人生大梦在成形

后来呢？如今的小珊在一家跨国企业上班，负责大中华区的营销，事业很成功，年收入逼近三百万。每年只有农历过年这种大日子，我才能趁她有空当儿，和她碰面聚会。

她还是相信爱情，只是不再认为那是她人生的全部。

神情干练的她说:"我从小被称赞漂亮,以为自己长得这么正,什么背叛、劈腿这种破事情,都不会出现在我身上。我太有自信了。就算再漂亮,也会输给新鲜。"

那年分手后,未婚夫曾经哭求复合,但她不肯,未婚夫旋即无缝接轨交了新女友。最夸张的是,他竟然还跑来约小珊去开房间!

"狗改不了吃屎啊!我庆幸看清了他的真面目。那些发票是我的贵人,我现在觉得当年是中了头奖,哈哈哈!"

哭哭啼啼的过往经时间沉淀、洗涤,翻身成了珍贵的礼物。

如今在工作中崭露头角的她,最大的体悟是:"这世界每天都在变,人心会变,感情会变,只有自己不会背叛自己。好好工作,拥有存款,就算失恋,也能在高档餐厅哭泣,出国散心。疗伤是有分档次的,把自己的梦想寄托在别人身上,肯定会受委屈。"

从花瓶蜕变为实力、外貌皆具的女人,美好的未来,靠自己担保。现在的人生,她自评:一百分。

这世界每天都在变,人心会变,感情会变,只有自己不会背叛自己。

感情力

"分期付款"告白必杀技，
轻松让对方点头答应

先约定交往三十天，浪漫又没负担。

"我传讯息给她，她都会回我。我送吃的给她，她也都收下了。她还让我送她回家。我觉得自己机会很大啊！为什么这样还搞不定？"

大伟和一个女孩暧昧多日，终于，对方开始愿意跟他出去了。玩得开心之余，大伟常试探地问："你会不会觉得我们很适合啊？""你对我的感觉怎么样啊？"但每当这时候，女孩不是装没听到，就是低头不语。

可是到了圣诞节，女孩又主动传来祝福："圣诞节快乐！

你今天要干吗？"

大伟内心很焦急又很困惑，询问我这个好友，他要怎么做才可以闯关成功，脱离单身狗。

我挑明说大白话："因为你很好用啊！你没听过'常在江湖走，工具人要有'这句话吗？"

俗话说友直、友谅、友多闻，我的"直球对决"把大伟的玻璃心敲碎，他更慌了。"那我要怎么办？我还有胜算吗？"

所谓病急乱投医，这时候我如果告诉大伟吃土就会有女朋友，他应该也会去吧！但我还是本着好友的良心，告诉他："有！因为她在圣诞节这种特殊节日还找你，代表还是在乎你的。"

听我这么讲，他跑走的七魂回来了三魄，问："有没有方法啊？"

当然有，不然我写这篇文章干吗呢？以下是"告白必杀技"的说明书，请仔细阅读。

"分期付款告白法"的四步骤

各位读者，请回想一下，无论是保险或者直销，要你买净水器、签保单，有哪一个业务员会问你："买一个好不好？"

为什么不用问句呢？因为用问句的话，对方会有一半的概率说不！所以除非你长得像金城武，或者胸有成竹、超有把握，不然，不要轻易用"你当我女友好不好？"这样的告白方式，否则回家哭的概率高达五成。

用"分期付款告白法"，对女生无负担又无压力，经试验证明，点头概率高达八成。谁说的？就我说的啊！

· 第一步，见面三分情。

首先，跑到女生家或者约她出来。见面三分情，千万不要用电话，也别透过传讯息，直接面对面的威力才强大，诚意才破表。最好你开车冲到她家时，外面刚好在下大雨打雷闪电，风雨无阻更显出你爱得多浓、多强烈，看到你的那瞬间，她就已经感动莫名。

· 第二步，请这样对她说："你一定也对我有好感，不然不会和我出去。这样好了，也许我是你命中最适合你的人。"

为什么要这样讲呢？

"你一定对我有好感，不然你不会跟我出去。"这句话是勾起她关于和你出去的甜蜜记忆,以及提醒她不要说你都没有示好或对你没意思,大家是爱情的"共犯"。

接着第二句话要说:"也许我是你命中最适合你的人。"这就是缘分注定,类似贾宝玉身上有玉佩,林黛玉身上也有个玉佩,男女主角身上一定有很多共同点与巧合,这一定是缘分啊!用"命中注定"催眠她,让浪漫增加她点头的意愿。

有个笑话说:怎样最能追到女生呢?就是到月老庙拜拜时,看到喜欢的女生就鼓起勇气上前对她说:"我刚刚博杯,月老叫我来搭讪你,说你跟我有缘分。"女生一来会觉得有趣,二来不敢得罪神明,三来觉得也许真是月老的安排,是神的旨意。衡量这三点,愿意跟你换个LINE交个朋友的概率就很高。命中注定是很迷人的咒语,可以打开心门,直通爱情。

· 第三步,也是最重要的一句:"我们打个恋爱契约,先约定好交往三十天看看,三十天就好,给彼此一个机会。"

"恋爱契约"这四个字光听就很像偶像剧的台词。只约定交往三十天,好浪漫,好没负担。没错,这就是"分期付款告白法"。

如果你对一个人说,我要永远和你在一起,对方会开始考

量你的人品，你的家庭状况和你的收入，毕竟"永远"二字太沉重了。但如果只要求三十天、二十天的交往，时间过得很快的，毫无负担。

这道理很类似购物台给你的七天免费试用期，不满意再退货。购物台会使用这招一定有道理的，因为你会懒得退啊，觉得还可以就继续用，不知不觉就超过七天，过了鉴赏期，你等于无形中就买单，购物台顺利达成业绩。

再举一个例子：为什么有很多家电厂商愿意提供分期付款？因为要你一次拿出四万元买一台冰箱，你会心痛，会犹豫、思考，仔细研究：这四万元的价格高吗？但如果可以分十二期，每期只要拿出三千多元，买的意愿就会拉高很多，因为门槛降低了。

人也是一样的，同意交往是最难、也是最重要的关卡，用最轻松的方式先突破这关，后面就容易了。

· **第四步，最后的关键句是："你愿意就点头。"**

为什么要用点头就好呢？试想，"讲话"和"点头"，哪一个容易？当然是点头——免开口，免误会，运用肢体语言好方便。加上对方可能是个害羞的人，要说出好或者不好都比较困难。你先挖好了"点头"这个坑,她很好跳入,成功率便大大提升。

恋爱如同购物,就是要让对方肯买单。看到这里,相信你已经很明白了,快去找你心仪的另外一半告白吧!

大伟听我的,后来用"分期付款告白法"成功追到了女孩,但两人只交往一个月,就因为个性不合而分开了。

恋爱这回事啊,旁人只能助一臂之力,无法提供保障,因为爱情是从来没有保证书的。师父领进门,修行看造化。

"永远"二字太沉重了。

但如果只要求三十天、二十天的交往,时间过得很快的,毫无负担。

恋爱这回事，
旁人只能助一臂之力，
无法提供保障，
因为爱情是从来没有保证书的。

"东区复制人"[①]女友再美艳，
　　　　比不上朴实的陪伴

每次分手带来痛苦，却也累积了下一次更接近成功的经验值。

"你是台大的？好厉害。考上时，家里有办流水席感谢乡亲吗？是不是从此走路有风？"这是我刚认识阿殿时传给他的讯息。

而他在视窗的另外一头打出："你知不知道台大一年有

[①] 意指台北东区街头的女性乍看之下光鲜亮丽，仔细一看却发现每个人的装扮都差不多。必备装备就是长发、纤细身材、假睫毛、瞳孔放大片与烟熏妆，还有高挺的鼻子与V字尖下巴。

一万多个学生耶！如果这样就走路有风，台湾就可以靠台大学生风力发电了。"

这就是阿殿的风格，幽默、反应快，举一不只能反三，反八都没问题。会认识他是因为我上网贴文要出租房子，而他成了我的房客，虽然从此我们成了朋友，但房租还是一毛都不能少。

阿殿的学历摊出来颇惊人：台南一中、台大学士、台大硕士和台大博士。更厉害的是，他没有考过联考，是推荐上台大，直攻博士。

拿到博士学位后，他进了知名的科技大厂工作，最大的烦恼是"单身"。

我很了解他的痛苦。他上班的科技厂内几乎都是男性，就像我的同事们大部分是女人，而且是美人——在电视台工作，身边不是美女记者就是美女主播，个个都是"白长寿"，又白、又高、又瘦。

在这样的工作环境下，同为单身的我们最常聊的话题是"如何脱团"（脱离单身）。

"我等下要和我学长一起去开奖了，明天跟你回报战情。"他传来的讯息闪耀着"喔耶"的兴奋情绪。

"加油啊！祝福你遇到林志玲！"我半开玩笑地回他。

这样的对话是我们的日常。

从经典酒店款到邻家女孩型

阿殿长相斯文，身高一八五厘米，学历高、收入高，条件摊开怎么看都是抢手货。可惜啊，念理工科把一切都毁了。大学时，班上只有十个女生，在悬殊的比例下，系上的风气就是大家一起联谊求生，团结力量大，学长带学弟，学弟揪学长，情与义值千金！

秉持着"有联谊堪去直须去，莫待成鲁蛇空悲泣"的精神，他常常在网络联谊版上征友，只要有女生愿意出去一起看电影或者吃饭，就高高兴兴地去"开奖"。

他的择偶标准很明确：浓妆艳抹一定要，胸大无脑就更好，愈像酒家女的女生，愈能打中他的心。他过往的女友要不是"东区复制人"，就是"医学美女"，睫毛黏假的、鼻子用做的，双眼皮去割的；冬天时，裙子穿得超短，衣服若能露胸，就绝对不会小气地藏起来。他女友一出现，你只会想到一个地名——恒春。总之，他上网征来的女友们，妆容都完整到像是日本歌手滨崎步。

"你女友如果卸了妆,会不会让你认不出来?"我是个大白痴,哪壶不开就一定提哪壶。

"人家都这么认真地化妆了,卸妆后丑一点没关系啦!我醒着的时候,她是漂亮的就好。"阿殿真诚地回答。

他与"东区复制人"女友们交往的过程都很轰轰烈烈,吵架的原因则都很鸡毛蒜皮,例如,一起出游时,遇上车况不好,阿殿猛踩刹车,让"东区复制人"头晕,晚餐时她就臭个脸,无论阿殿百般讨好也讨不到一个笑。还有一次是下雨时,阿殿为了撑伞而松开了两人紧握的手,"东区复制人"女友就爆炸了,脸瞬间垮了下来。

以爱之名却无限循环的争吵把爱情耗尽了。这些大同小异的故事,差别只是人名。

时间过得很快,阿殿三十九岁了,我还以为他会一直单身。前阵子,他去参加校友会的活动,交到了女友阿珍,三十八岁,不是年轻辣妹子,而且平常连妆都不化,还是素食主义者。

第一次与他们两人一起吃饭时,阿珍笑脸盈盈地不断赞美阿殿,觉得他真是不可多得的男友,非常珍惜。

大家边吃边聊，气氛热闹。我们拿阿殿过去的情史出来说，阿珍也都带着笑，大气地说："有这么多人喜欢过阿殿啊！我真是捡到宝了。"

她的个性温婉，吃饭时会帮大家盛饭，注意有没有哪道菜还没来，贴心地照顾大伙儿。

我突然有个念头：这次是真爱了！因为过往的经典酒店款，阿殿已经太熟了，这次遇到这种类型，连他自己也感到意外，没有人猜得到的品位，代表他终于成熟了，知道自己适合什么。

聚餐后过了四个月，我看到脸书上出现这样的讯息："阿殿与阿珍，打卡地点——户政事务所。"旁边有一行字写着："就是你们想的那样。"配上两人开心的合照。底下涌入了众人的惊讶与祝福。

我问阿殿："以前你和谈了两三年恋爱的女友都没结婚，为什么这次感情这么快就拍板定案了？"

他很平静地说："我累了。过去的女友美归美，我们却常常吵架，互相折磨。阿珍个性好，和她在一起，不用看臭脸的日子很轻松。找伴侣最重要的不是年轻貌美，而是要能聊得来，能平静相处。"

不要害怕，勇敢地多谈几场恋爱

如今，阿殿的小孩一岁了。他的爱情故事让我有个心得：过去，他以外表为第一选择，这方式当然也没错，毕竟漂亮的东西谁不爱，但随着几次轰轰烈烈的恋爱过程都惨烈收场，他改变了选择方式，符合以下这三点的才是他生命中那个"对的人"。

一、相处起来轻松不费力。
二、能一起平静地过日子。
三、互相帮忙陪伴的人。

"爱我的人，我不爱；我爱的人，却不爱我"，这不是绕口令，这就是恋爱的常态，也因此，"两情相悦"才显得如此珍贵与值得珍惜。

谈一次恋爱就成功地走入婚姻，运气好的成分占很多。大部分的人都是谈了几次恋爱，从分手与吵架的过程中，逐渐了解到自己最在乎什么。所以，不要怕多谈几场恋爱。每一次遇到的人，都会让你更知道自己要什么、不要什么，你的地雷是什么、死穴是什么，还有感动点在哪儿。这样不是挺好的吗？

尽管每次的分手造成了痛苦，却也累积了下一次更接近成功的经验值，是非常珍贵的学习。过程累一点没关系，只要结果好，一切都值得了。

"爱我的人，我不爱；我爱的人，却不爱我"，这不是绕口令，这就是恋爱的常态，也因此，"两情相悦"才显得如此珍贵与值得珍惜。

你会想要嫁入豪门吗？

结婚不用大豪门，会尊重你的就是"大好门"。

"烦耶！我哪知道啊？知道我还会坐在这里写稿吗？"

小娟用力敲打键盘，像是跟键盘有不共戴天之仇，非得打死每一个字母似的，恨意满点，让人想一探究竟。坐在隔壁的奇奇率先发问："怎么了？"

"刚刚玲玲姐要我写一篇怎样才能嫁入豪门的报道，还要列举在哪些地方才能遇到有钱的黄金单身汉。你说扯不扯？我如果知道就自己去巧遇小开了，还用得着在这边写稿喔。"

碎念归碎念，小娟还是拿起电话打给顶级婚友社，希望专业的媒人婆可以帮她解答。

原来,今天有一则豪门新闻很热门,电视台决定大规模报道,于是列出了四篇稿子搭配刊登:"台湾还有哪些黄金单身汉?""哪些女星嫁入了豪门?""女生嫁入豪门的命相与八字。""天涯何处遇小开?"

这些都只是新闻配菜,大主菜是:"女星嫁入豪门独守空闺,老公月给五十万,让女星过着空虚寂寞冷的生活,教人不胜唏嘘。"

在这篇报道里,什么空虚、寂寞、冷的字眼,我都看不到,脑中回荡的就只是:五十万耶!好多喔!我每天上班再怎么辛苦也没有五十万啊!

能大声说话,无价

要是每个月给你五十万生活费,让你嫁入豪门,你敢嫁吗?

玩闹归玩闹,认真说来,其实我是不敢和这种背景的人结婚的,我相信可能有许多女性也不敢。

这种媲美中乐透的好事,为什么会让人想拒绝?因为那背后藏着许多价值观的差异与磨合的痛苦。古时候讲究门当户对是有道理的,如果家境悬殊,嫁入豪门将面临极大的文化冲击、价值观冲突与精神上的压力等。

首先,这个"嫁"字就有玄机,其实在某种程度上含有"进了他们家的门,就随着他们家过日子"的意义。例如,一个从小吃路边摊、喝啤酒长大,无拘无束的孩子,你要她瞬间变成习惯吃米其林美食、熟成牛排、品红酒的上流人士,根本是要她重新投胎。那不是她习惯的生活方式,无论多好、多顶级、多炫耀,都藏着很多格格不入。

我有个好友小婉就是嫁入了豪门,即使平日在家,她也必须盛装打扮才有礼貌,多累人啊!

家中有客人时更是不得了。用餐时,大位照家规是留给社会地位最高的人,餐桌上有清楚的尊卑,她的公公还会在大圆桌边唱名,被点到的要立刻站起来。公公以标准的京片子,像金马奖颁奖典礼的司仪介绍嘉宾似的,把小婉过去的学历、工作仔细介绍,她站着从头赔笑到尾,直到公公说完为止。万一公公突然与客人聊开了,她就得在一旁"罚站",直到忽然被想起。

小婉住在豪宅里,却过着很穷的日子,因为丈夫在自家公司上班,而存折在婆婆手上,他们得向公公领生活费,公公则是向爷爷领生活费——家中能做主的是爷爷。而一如大家所知的,有钱人都很长寿,爷爷的身体很硬朗,一年活过一年,已经九十多岁了,他支配着家中一切的财务,家里的所有开支都得实报实销。小婉好多年都没有买衣服了,因为爷爷不批准,觉得太浪费。

结婚后,小婉辞去了工作,自己没收入,每个月只有八千元的买菜钱。全家外食不管想去吃什么,她都会说好,公公提议说去吃一兰拉面,她绝对不敢说去吃二兰或者三兰,如此的温顺,老实说是因为没钱可以付账,只能跟着吃,哪敢还有太多意见。

至于回娘家这件事,是要经过报备、等待批核才能放行。婆婆还常担心她偷拿东西回娘家。她苦笑说:"我自己都没钱了,是要偷什么?"豪门最大的压力就是阶级的打压与轻视,那种观念根深蒂固,非常难解。

人啊,可以透过努力让自己的阶级翻身,但很难改变自己的出身,那是一种生活上的观念,日常的习惯。当你自己能赚钱时,何苦为了攀富而去妥协、去委屈、去看脸色?人活着也不过一日三餐,能用多少,多了也不过是数字。得不到尊重与尊严，当然也没有话语权。可以大声说话，是无价的。

你的自由，为何要别人来给？

我有个当高中老师的女同学，参加登山活动时认识了她先生，两人都爱自然山林，超有话聊。丈夫的学历和收入都差她一点，但她一点也不介意，喜滋滋地嫁了。

普通的婚纱、平价的喜宴，婚后，公婆对她很好，超开心儿子可以娶到一个老师，四处炫耀。她接连生了两个小孩，公婆抢着帮忙带孩子，还说希望孙子像妈妈一样聪明又会念书。她一个月收入六万多，上美容院做脸保养、买衣服或买包都不用报备，花得很自在。

有天深夜，她开车来接我去吃消夜，我赞扬道："你老公很好耶，让你这么自由可以出来跟朋友混，都不会管。"

她不解地看着我说："自由？我本来就很自由啊！我有条件自由，我又不靠他养。我的自由，为什么要他给？"

这话说得理直气壮，也看出她在家中多有地位。

我的心得是：女生只要自己能赚钱，真的不用嫁入豪门看脸色。一个会把你当宝、以你为荣、珍惜你，看得见你的好、给你自由的夫家，才是值得选择的"大好门"。

　　人活着也不过一日三餐，能用多少，多了也不过是数字。得不到尊重与尊严，当然也没有话语权。可以大声说话，是无价的。

牵手、拥抱统统有，
为何就是不愿意交往？

暧昧是个"回转门"，可以带你走入爱情，也可能会让你转来转去，瞎忙一场。

"没到手的值一百分，到手的只值五十九分？"

讯息一开头，阿翰便愤愤不平地这么质疑。

阿翰是我的网友，正在为一段撞墙的爱情而烦恼，于是写了一大篇讯息给我，想听听女生的意见。

刚萌芽的爱情，能健康成长吗？

他的爱情正在萌芽，长得又高又快，对喜欢的对象小芳照三餐关心，从"记得吃饭"到"天气变冷了要多穿衣"，每一句问候都是爱，铁铮铮的男子汉，突然忸怩了起来。

阿翰唯一的胜算是每次约小芳，她都会出来；让他受挫的是每次告白都失败。

然而，令他纠结的是，小芳明明拒绝了他，却又不时深情地拥抱他。这到底是玩哪招？

· 第一关：前男友登场

阿翰这么写着："小芳的前男友正在挽回她，她目前不太想谈恋爱。"

面对前男友大魔王，阿翰奋力搏斗，感情却岌岌可危。更危险的是他还腹背受敌，频频被另一个超级大魔王扯后腿。

· 第二关：小芳有暗恋的人

这才是真正的超级大魔王！

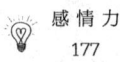

"最近她认识了一个男生,对那个男生有好感,对方却对她爱理不理的。可恶!没到手的都是宝,值一百分。我这个工具人就是五十九分吗?不过好消息是她去告白被拒绝了。"看到这里,以为苦恋男要逆转了。

"我告白了两次,芳芳都说我是很好的人,她很祝福我。"嗯,工具人的"好人卡"收集了满满一抽屉。

"无语的是,每次在我告白后,骑车送她回家,她都会抱住我。如果我都不约她,她又会主动传讯息给我。"就因为这样,阿翰怎样都离不开她啊!

·第三关:小芳不爱姐弟恋

小芳曾经跟阿翰说她喜欢大叔型的男生,理想的对象是年纪大自己五岁。阿翰虽然人高马大,但身份证上的年龄就是比小芳小了两岁,除非重新投胎,而且还要阿翰先死,不然无法改变女大男小的情况。

阿翰感到困惑又委屈,非常不快乐,觉得自己根本是备胎。

最后一次告白失败后,他夜夜看各种恋爱心理分析,慢慢疗伤,想赶快振作,把小芳的脸书、LINE和手机号码全删了,想好好地断个干净。

他问我:"对一个人太好、有许多包容,最后是不是都不太会被珍惜?这是人性吗?是不是在暧昧阶段也要让对方投入心力,而不是只有我一直在付出,才能让对方觉得这段感情,她也有参与?我想知道一些我没看见的盲点,我好想谈一段开心的恋爱啊!"

她只是不想和"你"谈恋爱

阿翰的文字长长一大串,每字每句都在高声呐喊:"救救我""为情所困""真心换绝情""我好苦"……一如新闻台的跑马灯日夜不停轮播,不帮他指点迷津,真是过意不去。我干脆写了一封长信为他破解迷雾,希望这帖爱情解药,他照三餐服用后能疗伤止痛。

亲爱的阿翰:

看到你写了这么长的讯息来问我感情困扰,所以我要用生命来回答你。

首先想要破解的是，小芳说她目前不太想谈恋爱，但是后来又去找别人告白——你不觉得冲突性很高吗？我向来认为言语是假的，行为上"做什么"才是真的，所以从她去找别人告白来看，"不太想谈恋爱"这句话翻译出来是："我不是不想谈恋爱，我只是不想和你谈恋爱。"

再来，每次你不理她后，过一阵子，她又会主动找你，这仅仅代表在那段期间，她没有找到两情相悦的人，在空虚、寂寞、冷之下，回头看一下你，享受一下你对她的热切、讨好。这可以让她自我感觉良好，证明自己还有行情。

突然给你的拥抱，是她维系"鸡肋们"持续爱她的手段。或许她是个爱情老手，拥抱、牵手对她来说都只是"举手之劳"，是你用情过深，因而小鹿乱撞，道行真的是太浅了。你不是她的对手，就算交往也只是越级打怪，不会长久，翻译成白话文就是：你驾驭不了她。

最后，无法接受姐弟恋的部分，更是借口。年纪差距是拒绝别人的一道王牌，亮出之后让人无法改善，顺势知难而退，如果真的爱上一个人，这些都不是问题。

俗话说："爱到卡惨死"[1]，当你真爱一个人的时候，怎

---

[1] 闽南语，爱得惨烈的意思。

会管年纪。爱情荷尔蒙的动力超过五百匹马力，可以让你连蓁仔埔也敢去，仅仅小两岁，根本不足挂齿。

至于你困惑：是不是因为你对她太好、付出太多，导致她不珍惜？是否你应该刚在暧昧时就让她也付出？答案是：你真的想太多了！她不爱你，所以才会把你的付出当成应该，也不想给予合理的反馈，只想自私地享受你的好。她当然知道这样下去，你会失衡、会暴走，甚至会离她而去，但她不怕，也不在乎你离开。说白了，她只想尽情地当公主，享受仆人的服务，有一天是一天；如果哪天没有了，她也没差。

爱情从来不是无条件地付出。一个人付出久了，没有得到反馈，一定会像你一样怨怼。说到底，我们付出了精神与行动上的爱，还是期待所爱的人也能回报我们。"我对你好，你也对我好"，这样的关系才会长久。

暧昧是个"回转门"，可以带你走入爱情，也可能会让你转来转去，瞎忙一场。真正爱你的人不会让暧昧期太久，也舍不得你受委屈，因为她会把你当成宝，怕你跑掉。你和她暧昧那么久了，瞎忙一场的概率很高，所以，放掉她吧！感情上的备胎只会被拿来取暖，却永远上不了路。砍掉重练，一定比手上拿着号码牌却永远等不到人叫你的号码开心很多。

祝福你,早日从被选择、被骑的驴,变成帅气的白马王子!

"我对你好,你也对我好",这样的关系才会长久。

"早安哥"照三餐传贴图讨女孩子欢心，看似老实，其实不简单

群发的问候一旦被发现了，便会落得感情人格破产，自然出局。

网络交友像是抽人形扑克牌，好运的遇到"金城武"，衰的人遇到"二百五"。翠珊坐在餐厅里，等待爱情交友的手气开盘，这种盛装打扮赴约的次数多了，她觉得真累。

来了！一个身高看起来有一九〇厘米的男孩憨憨地捧着一本书，封面写着"第一次就看懂机械图"。初次见面，不仅复古到爆炸，还很文青——今天牌运如何？尚可，七十分。

"我上次那个女朋友，大学毕业一去工作后就变了，打电

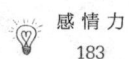

话常常找不到她。我觉得不对劲,听说她有个同事在追她,我很紧张,就对她说:'你等我考完机械研究所,我就带你出去玩。'"男孩喝着咖啡,聊起过往恋情有点懊恼。不过女友虽然跑了,他的研究所倒是顺利考上了。

翠珊瞪大了眼问:"你们的恋情快完蛋了,你还要她先等你考完研究所再挽救?这是谁帮你出的馊主意?"

男孩认真地说:"我自己啊!就差一两个月,为什么不能等呢?"

拜托!一两个月,时间长到足以让女友和新的追求者去环岛两圈还有剩,培养新恋情外加见父母都没问题,还等你哩!爱情失火了,你还在翻农民历查哪天宜救火,根本是笨蛋。

这些话,翠珊没说,毕竟是第一次见面,她如迅猛龙般直白的个性还是要藏一下。内心的白眼翻了五圈后,她非常有礼貌地说出:"辛苦你了,真不容易啊!"

句点。这次的见面和未来的所有可能,都画下了句点。

老实的"早安哥",原来有个"早安少女队"

从那一次见面后,男孩每天传讯息问候翠珊:早上六点收到早安贴图，中午十二点收到佛经长辈图，晚上八点收到晚安贴图。

"早安、佛经、晚安"，如此规律地循环出现，犹如助念。翠珊帮男孩取了个代号，叫作"早安哥"。

在某次聚餐中，翠珊聊起了"早安哥"的事迹。

小佩说："理工科男生都这样啦！我也遇过很多'早安哥'，他们不知道要跟你聊什么，又想吸引你的注意，只好用早安贴图刷存在感，让自己在你的讯息朋友名单中常常置顶。笨归笨，不过好像都比较专情。"

翠珊歪着头，不解地问："理工科男生都这样吗？不懂怎样跟女生相处，还以为丢早安和佛经贴图就可以增加好感度？这是哪招？"

清大毕业的老张摇摇手说："没有喔！你看我们这群理工宅都不会这样啊！这是个人问题。不过，翠珊，你最近脾气变好了不少。"

"有吗？为什么？"翠珊认真回问。

老张笑笑说："因为你最近每天都在看佛经，法喜充满啊！整个人气质都不同了。"

对于"早安哥"，翠珊是同情的。大家的年纪都不小了，还在情场征战，靠不了岸，基于同是天涯沦落人的疼惜下，翠珊把老实的"早安哥"介绍给好姐妹小婉。

两人聊得怎样，翠珊没过问，但"早安哥"的早安贴图三部曲依旧每天出现在她的讯息对话框。

对于一大早六点收到早安贴图，翠珊有点恼火，这年头的上班族谁会这样早起？她传讯请"早安哥"不要再丢早安贴图了，至于收佛经、晚安贴图，OK的。

然而，早安问候仅停止一天，之后还是早上六点早安，中午十二点佛经，晚上八点晚安；隔天，早上六点早安，中午十二点佛经，晚上八点晚安；接着，早上六点早安，中午十二点佛经，晚上八点晚安……翠珊惊觉不对劲，怀疑"早安哥"莫非是每天都固定发送贴图给很多女孩们？难道自己在不知不觉中加入了他的"早安少女队"？这个看似老实的男孩，其实不简单？

翠珊急敲小婉，查对彼此的通信记录，这才发现"早安哥"是发一样的贴图给她们，连每天报告行踪的对话都一字不差，而且不管你有没有回复，他统统复制贴上给你，一如撒了一把鱼饲料丢给锦鲤，管你黑的、白的或花的，一律公平，却没有心。

对于被抓包，"早安哥"挺坦然的，他解释这是日常问候，所以才会每天同时发给十几个人，且行之有年。

被揭穿后，"早安哥"消失了。

谈感情与求职，其实蛮像的

一段感情在还没有确定下来之前，人人都有交朋友的权利。但麻烦的是，每个人也都希望被专一对待，因此群发的问候一旦被发现了，便会落得感情人格破产，自然出局。

我常觉得谈感情与求职其实还蛮像的。每家公司都希望求职者能用个性化的履历表，展现对这份职位的热情与诚意。罐头履历表很难给人深刻的印象。

多投履历没有不对，不过，略略删改以展现诚意才有被录取的机会。多观察几个女生也没有不对，可是像"早安哥"一次十多个，让自己好忙，却频频露出马脚，最后落得一场空，根本是白搭。感情抉择要快、狠、准，下好了离手，才有机会胜出。

"早安哥"的早安少女群组应该还在网络世界中活跃。如果你在网络世界恰巧遇见了"早安哥"，请帮翠珊提醒他：六点道早安,真的太早了!

一段感情在还没有确定下来之前,人人都有交朋友的权利。但麻烦的是,每个人也都希望被专一对待。

找真爱有三宝：
摩托车、出租套房和吃到饱

豪华名车会让你难辨识对方爱的是你的人，还是你的钱。

小萍没有男友，有前夫，目前没有怀孕，但她的生育功能正常，和前夫生的两个小孩是证明。

阿凯是什么时候知道这些的？交往三个月以后。未满三个月的爱情着床不稳，恋人还无法言明过去，待感情一扎根，小萍立刻向阿凯热映"大惊奇"，果然让他惊讶得说不出话来。

这段恋曲后来又维持了三个月才说拜拜。阿凯约我吃西餐，说是为了纪念他的短命恋情。餐点上桌，只见他切牛排的

手有点用力,就像前女友小萍把他的心当成牛排一样地用力划开,切割得整整齐齐的。要割人心,免拿刀子,用谎言就够锐利了。

阿凯有太多委屈想讲了,一块牛排还没吞下去,就先来一个大爆点。

"在一起之后,我才知道她结过婚。这就算了。"

对啊!谁没有过去?何必跟过去过不去。

"她之前说和前夫偶尔才联络,结果根本是常常联络!为了孩子,他们经常一起出游,她还每个星期都去住前夫家,我超不爽的。"

他被朋友嘲笑绿帽子戴到比台北101大楼还高,心情很闷。这场爱情俨然是场修行,阿弥陀佛。

男人心计,敌不过女人心机

阿凯回想起来,在交往过程中,其实处处可见女人心机。

两人初识是因为阿凯打算买房子。小萍是房屋销售小姐,他去看房,挺满意的,当场便请爸妈也去看。一见到二老,小萍的态度从冷淡变得热情不已,雀跃地对阿凯说:"我超喜欢你爸妈的,好想也喊他们爸妈喔!"阿凯很孝顺,听到这话笑得开怀。

我满是不解地问:"小萍是孤儿吗?为什么会四处认爸妈?"突然我灵光乍现:"阿凯,你当天开什么车?"

"奔驰啊!"

"你有写下家里的地址吗?"我追问。

"有,她要我爸妈写客户资料。"

Bingo!台北市信义区的门牌是种无须声张便自然高调的炫耀。

我说:"她一定有上网去查你家那区在哪里。"

"对耶,我们交往一个礼拜后,她就说要去我家。"

狠角色,检视财力以眼见为凭。"那后来怎么会分手?"

"钱!她出门不带钱,买衣服、吃饭、出去玩,都是我买单。三万、五万起跳的,交往久了,我有点受不了。加上她频频以做慈善的理由向我爸妈募款,一开口就是一两百万,我们没给,她就闹,指责我爸妈没爱心。

"这些我本来都还可以忍,后来她改口要找我家人一起投资房地产,开公司。我觉得好累,怎么会一场恋爱谈下来,到最后都是钱、钱、钱。"

阿凯的事情让我想起一个学弟，年纪轻轻的就当上了公司的"业绩王"。平常，他骑摩托车跑客户，但是到了周末去夜店玩耍时，一定开着BMW、戴名表，他得意地说这是搭讪的两大利器。

学弟后来交了个模特儿女友，得意地四处炫耀。交往一段时间以后，女友一下子说"爸妈要开刀"，一下子说"哥哥生意失败，需要帮忙"，常向他借钱，还跟他强调，等两人结婚后都是一家人，不要分彼此。

没想到结婚梦还没实现，有一天，学弟接到了警察的电话，才知道原来他的公主私底下在接客卖淫，他只是分母，不是唯一。

驱除拜金女，"找真爱三宝"是良方

阿凯和学弟都很想找到真爱，招来的却都是拜金女。这让我有个感触：豪华名车会让你的爱情增添不少复杂的因素，让你很难辨识对方爱上的到底是你的人，还是你的钱。

一辆名车不仅能讨好拜金女，也能让拜金女的家人一起爱上你，因为不仅她缺钱，他们全家也都缺钱。拜金女会因此对你说爱你,她全家也都会对你友善得不得了。他们还没看到你的人品,就先闻到了钱的味道,爱情的纯度降到零。

我把学弟的故事讲给阿凯听,他感触不少。最后,我劝告"高、富、帅"的阿凯下次和女生交往,请使用"找真爱三宝"——哪三宝呢?

· 第一宝:摩托车

见面时,请骑摩托车,对她说:"摩托车好停车,通风又凉爽,根本是穷人的敞篷车啊!"如果这样她都OK,代表她能陪你吃苦,也懂你的幽默。

假如你觉得要女生接受你骑摩托车太难,最多就买辆国民车代步,若她坐在车上能和你开心谈笑不放空,则人品合格。

· 第二宝:出租套房

家里的豪宅又不会长脚跑掉,何必急着秀。女生想看你家,就带她去看出租套房,等交往久了,再带她去你家的豪宅。

你担心她会气你骗她？不会啦！从出租套房变豪宅，她会说："我爱的本来就是你的人，这没影响。"

不过呢，如果是从豪宅变套房，有很多女生是会生气的。她会说："我不是在乎钱，而是你不诚实，我没办法和骗子交往。"

· 第三宝：吃到饱餐厅

普通、平价的自助餐厅是你们约会的圣地，也是真爱的试炼场。若即使在灯光不美、气氛不佳的地方，女生也能与你谈心谈得喜滋滋，把你的言谈当成最佳调味料，这绝对是百分百的好女孩。

所以，千万不要一开始就带她去五星级饭店、私厨料理或米其林餐厅，这些地方的料理好吃归好吃，却无法帮助你辨识真爱。

普通、平价的餐厅是爱情的照妖镜，拜金女——现形。

请相信我，当你使用"找真爱三宝"后，还愿意与你交往、跟你过寻常日子的女生，一定是好对象。倘若你家道中落、事业衰败,甚至千金散尽,她也能与你共苦,不会弃你而去。

这三宝,说穿了就是"装穷",是驱除拜金女的良方,请多加利用。

当你使用『找真爱三宝』后,
还愿意与你交往、
跟你过寻常日子的女生,
一定是好对象。

女主播逃婚的体悟："爱不持久，恨能永远套牢。"

你最需要断舍离的不是你的房间，而是扭曲变形的爱情。

婚宴是携手一生的起点？
那可不一定！
也可以是彼此由爱转恨，恨到骨子里的转折点——从此错身，老死不相往来。

喜宴开始，新娘不来了

"到底几点才要开桌啊！"宾客不耐烦，桌上的瓜子都快

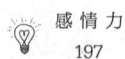
感情力

嗑完了。

"喜帖写准中午十二点开席,都搞到下午一点才开吃。"

肚子饿把喜气都冲淡了。吃饭皇帝大,饭菜不来,宾客的谈话愈说愈有气无力,生怕多用力,就更饿了。要冲淡宾客们的饥饿感,非得来个大惊奇,最好是下巴吓到必须扶一下才能回来的等级,而这场婚宴办到了。

迟迟不开桌的原因让大家都不饿了,因为太猎奇。这场婚宴的大彩蛋是——"新娘不会到"!

"新娘说她不来了。"婚礼接待阿贤跑到大学同学这桌,神神秘秘地说着,

"啊?不会来?是怎么了,发生什么意外了吗?"

"新娘不来?找不到人?那婚还结不结?"

这些话像是病毒,一桌接着一桌窸窸窣窣,LINE一秒千里地往婚宴场外传播消息。气氛骚动让同桌的宾客突然有了话题,热闹非凡,空气中弥漫着一种猎奇的等待。

新郎阿隆来了。体面的名牌西装,黑亮亮的皮鞋,衣着隆重,透露出他准备这场婚礼有多认真。他走上了舞台,大家屏息,那种安静很像是把气球吹鼓,到了极限,再多吹一口气就要爆破般的紧张与兴奋。太难得了,不管包过多少礼金,也不

见得遇得上一场"没有新娘的婚礼",参加这一次,可以八卦一辈子。

好戏上场,新郎开口致辞了。"很高兴大家特别前来,新娘不会到,今天不收礼金,就当来聚餐,一起热闹,谢谢。"

免费的最爽!欢呼声、掌声,把隔壁厅那场有新娘的婚礼彻底比了下去。

这场没有新娘的婚礼成为一个奇谈,在亲友间传播恒久远。收到帖子但当天没到场的人,事后听转述都觉得好遗憾,就像手上有张中了奖的彩券却放到过期一样,令人扼腕。

经过这件事之后,阿隆对结婚有了阴影,许多看八卦的人也为他打抱不平。"'落跑新娘'小卉怎么干出这么伤人的事情啊!不想结婚可以明讲,干吗把大家的路都走绝了。"

"落跑新娘"的家暴阴影

"我也想结婚啊,不然我干吗这么累去拍婚纱。我会跑掉一定也是有苦衷的,很苦的大苦衷。"

小卉的内心有一个黑洞,这个黑洞是阿隆"打"出来的。她为了维护阿隆的面子,对外从来不说自己常常被打到身上黑青。

就在举行婚礼的前一天,阿隆再度殴打了她——这一打,粉碎了小卉认为他婚后会改变的希望!一想到要是结了婚,未来自己将会持续被当成沙包练拳,小卉的双脚突然有了力气快跑。

丢脸是一时的,但继续隐忍而在婚后被当成沙包打,却是一辈子的事。

逃婚六年后,小卉当上了主播。某天,我找她出来喝下午茶,我们在闲聊这些陈年往事时,邻座的人都忍不住对漂亮又知性的她多瞄两眼。

"他打了我三年多,常常咒骂我,还说我能遇到他是天大的福气。我脑袋一定是被打到有洞,觉得他说得很有道理,舍不得分手,怕遇不到更好的。"小卉喝着饮料,脸上还有不少愤怒。伤痛要靠时间疗愈,却总有些深层的伤口,每次提到都令人咬牙切齿。"他常常在搞暧昧,一堆干妹妹,还招待干妹妹和他妈妈同游日本,干妹妹也叫他妈妈一声'妈'。你说扯不扯?"

这样都能交往三年,为什么?

"他人脉很广,大台北地区一堆有头有脸的人都是他朋友,阔绰又大方,女生会以为自己遇到了男子汉。你看,他连喜宴红包都不收了,多霸气!而且他多会做人,把危机化为聚餐联谊，比公关公司还专业。

"我知道阿隆不可能这辈子只爱我一个。那时一想到婚礼，我就很犹豫。最后一次被打的那个晚上，我一整晚没睡，脑中浮现每次被打时的恐惧。他出手时没有把我当人看，验伤单我有好多喔，还要再累积下去吗？既然我都不要这段感情了，那我要报复。于是我想到，不出席婚礼的话，他会恨我一辈子，也会记住我一辈子。"

原来要套牢一个人，用爱不一定稳固。施以巨大的伤痛才能够深刻，才可以"天长地久"。

我问小卉，"那阿隆应该很想找人去断你手脚吧？"

"错！他是个小霸王，从小没有要不到的东西，所以我跑了，他反而追过来。后来，他一直来道歉、认错，但我不接受，因为一接受，我就死定了，新仇加上旧恨，过一阵子一定会被打得更惨。他的道歉只是出于不甘心、不想认输而已，我才没这么笨。"

改变不难，难的是怕改变

假如小卉当年没逃开，现在不可能悠闲地跟我喝下午茶，

而应该是在某家医院请医师开第N张验伤单吧。人生一瞬间的勇敢，可能让命运翻转。

改变不难，难的是怕改变。

许多时候，女方不提分手，不是觉得这段恋情有多好，而往往只是舍不得或者不甘心，因为自己多少的青春和心力都投入了，便期待男友突然被雷劈醒，发现自己有多好，多值得珍惜。但这根本是神话！

你最需要断舍离的不是你的房间，而是扭曲变形的爱情。一直走着同样的道路，怎么可能会有不同的结局。

阿隆后来还是当上了名人，家暴的习惯没有改变。有一次，他因家暴闹上了新闻，小卉播到这则新闻时，特别字正腔圆，希望把最正确的消息传递给观众，也算是替自己讨回一点正义。

要套牢一个人，用爱不一定稳固。施以巨大的伤痛才能深刻，才能天长地久。

分手后，
你就是"最熟悉的陌生人"

多年后再回头看，你会庆幸自己命大，没有跟他在一起，过着将就的人生。

"你在干吗？"……"没。"
"要记得吃午餐喔！"……"嗯。"
"尽量不要加班。"……"喔。"

"是怎样啦？LINE上我秒回，你居然给我轮回。"小玉愤愤不平地想着。受够了"嗯、嗯嗯、喔、喔喔"的单字卡，她发泄似的也回了一个贴图，终结这一回合。

要不是结婚消息都对外说了，面子挂不住，小玉是忍不下这口气的，公主病的火山岩浆咕噜噜地冒泡，无法爆炸最痛苦。男友阿彬到底哪根筋不对？是故意激怒小玉，逼小玉主动说分手吗？男人才是心机鬼。

小玉怪自己的嘴比大嘴鸟还大，把甜蜜消息当总统元旦文告依样宣布，以至于结婚传千里，之前一声声的"恭喜"很悦耳，现在却尴尬死了！她连婚纱都订了，还向主管预告了婚期，满心期待着一场盛大的婚礼，阿彬却突然反悔不结了。

前天，他更一反之前的龟缩，跟天借胆似的提出分手。不管小玉怎么哭、怎么问，他都只说："没感觉了。"

小玉的职业是记者，老早就规划好要三十而婚，三十二岁生娃。现在告诉她三十岁结不了婚，她错愕到快晕了。

你要更好，但不是为了讨好前男友

分手后，阿彬更冷了，LINE讯息已读不回，狂发无声卡，封杀放大绝招，过往的满腔浓情成了句点。小玉讨好着、委屈着，阿彬却始终敷衍以对，双方渐行渐远。

分手，单方可决定，却令被告知的那方傻眼，像个沉溺在儿童乐园中的孩子,玩着旋转木马,欢呼声刚喊到一半——突然音乐停了、灯光暗了,她还坐在木马上,走也不是,不走也不是,真窘,真怒。

"再不结婚,我就老了耶!我们谈了三年的恋爱,我得到什么了?他根本在耽误我的青春。不要结婚就早说啊!分手的理由会不会太扯了?'没感觉'。没感觉这种病,吃什么东西可以医治?"

小玉对阿彬提分手的理由愤愤难平。爱情梦碎了,怒火烧不停,连话也说得不好听,只剩满腔的怨言。"我一定要让他后悔!等我当上主播后,他只能每天在电视机前面看我播新闻,哼!哼!哼!我要他知道,错过了我,他再也遇不到更好的。"她说话的气魄超励志的。

分手后过了半年,在经历过一连串的试镜之后,小玉真的如愿当上了电视新闻的假日主播,平日还是四处跑新闻,逢假日时则有机会上主播台。

第一次播报的那天,她在脸书上传了定装照,写着:"圆梦的一天,大家要收看喔!"并且标注了许多朋友,当然也有前男友阿彬——毕竟这一切的努力就是为了扬眉吐气,等着负心汉回头哭哭啼啼。

新闻播报完了,她检视一下手机,没有未接来电,没有未读的讯息,而脸书上,前男友连来按赞都没有!

长久的期盼落空,强大的寂寞感涌入,小玉顶着大浓妆便哭了起来,抽抽噎噎地打电话给我,说:"为什么?为什么阿彬没有回来找我?我都当上主播了耶!"

不在乎的,最大

在受了情伤后,我们可能都像小玉一样,以为只要自己做了什么努力,就能扭转命运,让前男友后悔。我们努力减肥变瘦,把脸蛋整形变美,想让对方惊艳;在工作上奋斗到顶尖,期待像电影所演的那样成为闪闪发光的女主角,让昔日那个没有眼光的浑球只能躲在人群中、电视机前,对你仰望,心痛而亡。

但是,我要很残酷地告诉你:这个概率很小,很小,因为他关注的眼光早就不在你身上了。

分手后,你成了"最熟悉的陌生人"。陌生人穿金戴银或者跌个狗吃屎,任谁都无感!

电影《失恋33天》中,有一段是这样的:女主角黄小仙要去参加同学的喜宴,听到前男友会带新女友来,焦急地想把自己打扮到完美。好朋友王小贱泼了冷水说:"让我一针见血地告诉你,无论你明天穿什么,他都不会在意的,就算你喝醉失态脱个精光,拿着大衣裹住你的也不会是他。"

即使你穿得再新、再美,对他而言,也不过是个旧人。

把自己提升到更好的层次是对的,然而,不是为了惩罚他或者等他后悔,而是为了找到更适合你的人,甚至更高档次的人。做人要往前看。

我有个朋友是知名的主持人,分手多年后,突然接到前男友打电话来叙旧,她没聊两句就装忙挂掉。

"你没有胜利感吗?"我问她。

她回说:"这种电话一定是一时的心血来潮,搞不好人家小孩都五个了,我干吗和他瞎搅和。大家人鬼殊途,不用相见,也不用怀念。"

看到没?这才是胜利的姿态。不在乎的,最大。

别人如何论断,很多时候来自你的态度

至于对方耽误了你的青春这种话,也别说了。青春从来就

是留不住的。你就算没跟他在一起，也不可能把青春放入冷冻库，封存在十八岁。

是你自己决定和他一起走一段岁月，共创一段回忆，这样就够了。你愈是回头计算付出的与失去的，也就愈没勇气往前走。

人生也没有谁规定几岁该怎样的。限制自己几岁要结婚，只会逼死自己。别用旧观念绑架自己、弄伤自己。慢慢找、好好挑，寻觅到可以开心一辈子的人，比在什么时间点走入婚姻的坟墓来得重要。

更何况，这年头"冻卵"正流行，科技延长了生育年龄，你的真爱，当然也能慢慢找。

任何事情只要你觉得好，就是好。别人口中的论断，很多时候都来自你的态度：如果你分手后能开趴庆祝，大家也会跟着大喊恭喜；相反地，如果你结婚后每天都哭哭啼啼，大家也会觉得你住在人间地狱。

任何事情都无绝对，重要的是你自己的一颗心如何诠释。迈开脚步往前走，一回头会发现当年觉得的遗憾、不舍都好傻、好天真，会庆幸自己命大，没有跟他在一起，过着将就的人生。

你一个人住?
要学会这五招自保术

就算有伴侣,这样的事也可能发生在你身上。

瞎,不是嬉闹时说"你好瞎"的瞎——我是真的瞎了。

那是一种将因此失去一切的恐惧:工作将无法继续;失业如果是短暂的,谁都能挺住,若长期则会成为家人的负担。久病床前无孝子,亲情有时禁不起疾病来磨,我深谙人性,一阵鼻酸,觉得愧对父母……

一切都是意外。意外来临时脚步轻柔如猫,无法察觉,一回神,已经深陷泥淖,进退不得。单身且独居的我,一直以为只要理财规划做得好,将来的老年生活就不会有问题,直到发生了一件事,差点把我的信念击溃。

我什么都看不到了!

故事的开始是一早在家里,戴着隐形眼镜的我突然发现视力变得好模糊,世界变成了一片光影。我赶紧去住家附近的眼科诊所挂号,走在路上时,发现怎么每个人看起来都像经过自动柔焦,散发着无限光晕。

"你的角膜破损了很多。怎么会这么严重?都破皮了。"眼科医师边检查边惊叹,最后开了药给我,叮咛道:"要记得回诊。"

光圈、光影的世界,什么都不清楚。但那时还没感觉到痛楚,我因而轻忽了角膜破损的情况到底会有多严重,拿了药便回家,继续完成写到一半的稿子。

到了下午三点,眼睛突然刺痛到睁不开,眼前的所有物体都变成了抽象画,失去了清楚的边线。我凭着脑海中关于街道的记忆,终于走到了十字路口。太痛了!而且我愈来愈看不见,眼泪因眼睛酸痛而大量流出。

有一辆警车停下来等红绿灯——我的救星!我冲上快车道,一手按着眼睛,一手拍打车窗。窗子降了下来。

"我的眼睛好痛好痛,救救我!拜托载我到万芳医院好吗?"我惊慌地说。

但警察没有开车门,只说:"我帮你打急救电话。"

急救电话!我痛到没办法等了。警察不救我,我只能靠自己,便冲向停在警车后方的出租车,拍打车窗,重复刚刚的呼救。

出租车大哥比了比后方,说:"我有客人。"

绿灯亮了,警车和出租车都走了。

此刻,无助大于绝望。我转向一旁的摩托车骑士,向他哭求:"求求你救救我,载我到万芳医院!"他摇摇手,漠然看着前方。

我又转向下一个机车骑士,总算,他让我上车。他卖力骑得飞快,我看不到路,风呼呼而过,我紧抓住他的衣服,那是唯一的依靠。

如果这是综艺节目的人性大挑战真人秀,一个双眼看不见的人在马路上求助却连连遭到拒绝,戏剧张力已经十足了。没想到,精彩的还在后头。

眼盲的我,孤立无援

我被送到了一家眼科诊所,摩托车骑士赶着上班,留下我

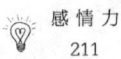

一人，此时，挂号这么简单的事情突然有了极高的难度。

双眼看不见的我站在柜台前，问："我的眼睛很痛，请问等等可以让我先看吗？"回应我的却是一阵沉默。

我急促地接着说："拜托你，我的眼睛真的很痛。请问医师什么时候来？"

"四点，医师从四点开始看。你的就诊卡。"那是挂号小姐冷静的声音。

就诊卡？没问题，我有。我从包包里摸出了皮夹，打开皮夹送了出去，说："在这里。"

没有人回应，也没人取走就诊卡，只听见挂号小姐冷冷地问："你不能自己拿吗？"

"我看不到，可以请你帮我一下吗？"我按压着疼痛的双眼回话。

挂号小姐拿走了我的就诊卡，不耐烦地问："你没有亲戚朋友吗？"

我急切地说："我有！我有！我有！这是我的手机，我看不到，可以帮我打电话吗？"

手机悬在我手上很久，终于还是被拿走了。电话接通的那一刻，我所有的坚强都瓦解并溃堤了，我悲切地对着手机嘶吼着："小莉，我需要你！快来救我！我的眼睛好痛好痛，我什么都看不到……"

在等待朋友来救援的过程中,医师帮我开了转诊单,有人扶着我到柜台结账,这是我进来这家诊所后,唯一有人扶我的时刻。在此之前,人人都对我视而不见,我只能扶着墙壁,用手去触摸、寻找椅子,让自己安身其上,无助地哭泣。

就诊须自付五十元给诊所,我拿出钱包,摸了一张钞票便递出,想要结账。

但挂号小姐说:"这张太大了!"

对一个看不见的人这么讲,我也只能接受,再抽出一张钞票,问她:"请问这张可以吗?"

"OK。"她拿走了钞票。

感谢神,她接受了。

一个人的失明日子

朋友赶来了,带我去转诊挂急诊。论起照顾盲人,没人有经验,所以她又找来两个朋友帮忙,才稳住了状况。医师替我的眼睛上了两次麻药,检查后确诊是角膜溃疡与受损,愈合的前三天会很痛。

好友们很够义气，离开医院后，有人扶我上轮椅，送我回家；有人帮忙采买我未来过日子需要的食物。

算起来，我的眼睛全盲了整整四天，每天，我都得靠朋友送便当、送水才能度日。

白天？黑夜？对我来说没有了差别，都只成了黑的渐层，深黑、浅黑、亮黑、墨黑，我的世界一如墨水泼进水里，黑色如烟缕缕向下沉淀滑落，勾勒出漂亮的弧度，融为一体，变成全黑。

当向阳的客厅黑得像卧房一样时，我便知道是夜晚；而垃圾车的音乐声是唯一的时钟，晚上八点了。我每天的生活是：摸着墙壁到浴室洗澡；梳洗后，摸着找到桌上的面包吃掉；点眼药水，睡觉到有人送餐来，那是当天唯一一顿热食，非常珍贵。

我对来送餐的朋友说："我当时想如果我失明了，也只能乐观地接受，去学按摩为生。"

朋友大声回说："你念书是念到哪了？双眼失明，要学也是学算命才赚得多啊！会算命，人人都抢着要扶你，求你泄露天机，更不敢冷眼待你。"

我啃着面包，笑了出来。

眼睛打了两次麻药后稍稍不痛时，我问前来救我的三个朋友说："我今天这情况是不是因为单身？如果像你们结婚了，是不是就不会发生？"

三个已婚的人异口同声说："不——一——定。"

我笑了，看来婚姻这保障也是有其脆弱之处，可能要找个性格上有情、有义、有责任感的人结婚，才会比较妥当。单身有辛苦的地方，但如果有另外一半，却在生病时不来照顾，那心情想必会更凄凉。

单身者，你要学会的保命自救法

眼睛可以看到光线后，我终于看见了治疗我的眼科医师。天啊！救命恩人是个大美女。

走出医院时，我跟朋友说："她长这样漂亮，又会念书，是在给我们这些人难看吗？"

眼睛一康复，连说疯话的幽默感都回来了，能有心情讲笑话真好，能健康上班真好。

眼睛顺利复原,"病发一次,警惕终生",我想以这一回的紧急发病亲身经历,与大家分享几个单身者的保命自救法。

一、台湾的人情是温暖的,但前提是你不能看起来太糟

医疗人球①或路倒没人救的情况,不是只发生在街友身上。我在大街上求助时,尽管衣着光鲜,大家却还是退避三舍;等着看诊时,连扶我坐在椅子上候诊都没有人愿意。为什么呢?不怪别人,只怪我神情太痛楚地在呼喊救命。

人性啊!小善、小忙是很愿意做的,但是一想到可能会为了一个陌生人而惹上麻烦,大家会怕啊!若那天是我在路上遇到了陌生人要去医院的请托,我也很难说肯不肯协助。

所以,如果是自己遇上了得在路边求救的紧急时刻,记得要力持淡然,不慌张,才比较有人愿意帮你。

二、别只依赖智能型手机,你要能背出三组求救电话

遇上危急时刻,万一手机掉了,你要能背出三组求救的电

---

① 泛指急重症病患不断地在医院间转送,可能因延误就医导致过失致死。

话号码请别人帮你打。

像我这次，眼睛实在太痛了，加上因为畏光而睁不开，就算手机在身边，自己也没能力拨出电话，所以要记下三组亲朋好友的电话，才能找到人来救你。

三、如果是住大楼，请善待你的大楼管理员

如果住的是有管理员的楼房，当状况紧急却求助无门时，第一时间能冲到你家的也许就是大楼管理员。后来那段时期，我无法独自出门去复诊，就是请大楼管理员帮我打电话找朋友协助。善待他们就是善待自己，等于替自己多找了一个帮手。

四、独居的你不要太逞强

单身的人很习惯什么都靠自己，什么都自己来。其实有时候不妨适度地向外求援，请亲朋好友们帮助，他们通常是乐意的。何况这样一来，也能降低生活上的危险性。

如果我能早点对外求救，就不会面临半失明地在马路上遭拒的惊险，以及在诊所备感无助的情况，身、心、灵所受的折磨也会少一些。

五、"共居"时代真的来临了

现在的时代,大龄不婚的情况愈来愈普遍,与好朋友们"共居"可能不是到了六七十岁才要考虑的事情。

既然同样都是单身,能和姐妹淘或者哥儿们一起住、互有照应,不但是趋势,也是求生自保之道。人哪,不怕独居身亡多日无人知,怕的是好好活着,却没人理睬。往生后,什么感觉也没有了,但是在一息尚存时,有个伴能帮你买饭,倒水给你喝,是无比温暖的大事。

在我痛不欲生时,脑中飘过的念头是:无论一个人的职位多高、财力多雄厚、才华多洋溢,生病时,这些都不重要了。在那当下,你只会想要有个人可以陪在身旁,帮你拿就诊卡,帮你挂急诊。

仔细想想,你身边有没有这样一个人呢?如果有,记得平时多感谢她/他,好好地维系这段值得珍惜的缘分。

与好朋友们"共居"的生活方式,你可能从现在就要开始考虑了。

好好爱自己，
才会有人爱你

人是自私的动物，照顾好自己，不要给别人添麻烦，别人才会爱你。

回转寿司店里，输送带上不间断地送上新的料理，雪儿拿了几盘自己爱吃的，突然顿悟地说："我现在的情况跟吃回转寿司好像喔！我爸妈就是这条输送带，不断送新的男生到我面前，催我快点拿下一道最美味的吃进嘴里，结账买单，结婚去。"

这段感想让我笑了，好贴切的形容。

雪儿从没想到从维也纳学音乐归乡后，迎接她的是一场又一场的相亲饭。她的音乐事业还在起步，但家人觉得这没关系，让女儿学音乐多年，为的不是在音乐领域扬名立万，而是要栽培她具备嫁到好人家的气质与优雅。

雪儿才二十六岁，人生正如春花开得灿烂，家人却忧心地闻到冬日枯萎的气味。落差的季节，失序的节奏，爸妈声声叮咛，担心女儿的青春过了这村没了那店，认为早点结婚、生小孩，将来的生活就早轻松。

一场又一场的相亲饭，让雪儿感觉到自己的灵魂正在缩水。平常教学生弹琴时，还可以优游在巴赫、莫扎特等世界名曲之中；一下课，自己人生的主旋律就只剩下《结婚进行曲》重复放送。

姐妹们都结婚了，就剩下你……

会认识雪儿，正是因为两三年前有一次当红娘帮朋友牵线的缘分，后来我们就定期吃饭联络感情。这几年来，雪儿接到了好几个姐妹淘的喜帖，她发现了一个现象，感叹地说："朋友结婚后，我们的联络就少了。"

我告诉她，这是常态。

"年纪愈来愈大,朋友并不像你以为的会愈来愈多,而是愈来愈少。每当你包一份礼金出去,在红封袋上真心实意地写上天作之合、早生贵子之类的祝福,其实是在为你们的友谊'送终'。因为朋友婚后,尤其是有了小孩之后,再也不可能跟你玩了。就算偶尔有想要玩耍的时候,他们人生中首选的玩伴就是身边的那个人和孩子了……"

说出这话时,我想起家里有一个抽屉放满了朋友的喜帖,帖子上注记着我的礼金金额,从数字多寡可看出友情的浓度。

我接着说出自己多年来的体悟。"这些女性朋友什么时候会再出现呢?就是发生夫妻吵架、丈夫外遇、婆媳不和、家用经济出问题、买房付钱纠纷等状况时,你会是她们打电话倾吐的首选,因为她的其他已婚女性朋友听她诉苦到一半,就得去喂奶或者陪小孩做功课。只有单身的你,时间多到花不完,可以安安静静地专心陪伴她走过煎熬的时光。"

我话说得轻柔,隐藏在温和语气下,却是单身族身处的真实情境。

对已婚的人来说,家庭是首位,是生活中的头条,在心力和时间都有限的情况下,光忙家人日常的琐碎事情,比如小孩病了、婆婆看医师、先生的公司员工旅游等,就足以让人筋疲力尽。你昔日的朋友不是不想理你,是她自己也自顾不暇。家里的杂事多如牛毛，只有在家庭出状况，情绪需要宣泄出口时，她才会从记忆里的保鲜盒取出你这位昔日的闺密，以泪水的烧烫温度加温友情，在倾诉心情中拉近彼此的距离。

不管结婚或单身，都有自己的难题要解决

雪儿听得懂我的意思，但"听懂"和"走过"是截然不同的心境，人生的路，有时候非得自己走一遭。她仍旧很开心地说："没关系啊！我也可以慢慢找我的另一半。"

"当然可以。但是在我吃过了那么多回介绍饭、参加过那么多场联谊后，我的心得是：年轻时，大家的外貌、体型都保持得挺好的。等你年纪大了，男生'秃头'和'胖'是两大主流；不过，你嫌弃人家，人家或许也觉得你的腰围太宽、脸皮太松，以及可能不会生。只要你接受这样的世道情况，当然可以慢慢找。"

每个大叔都曾经又帅又瘦，每个欧巴桑都曾经腰瘦、脸正，然而，在胶原蛋白比泥石流得更快，新陈代谢比乌龟爬还慢时，迷人的外表就走样了。

相亲市场是残酷的"人肉市场"，假如第一眼不来电，即使你再有内涵,对方也不想了解。

听我这么分析,雪儿锲而不舍地说:"我看你过得挺好的啊。我可是把你当偶像耶!"

我说:"我是过得很开心没错,但在到达现在这个阶段之前,我可是熬过了社会压力、孤单、寂寞等诸多的情绪轮回。我不觉得经历这些不好,只是舍不得你吃苦。"

雪儿问:"那你那些结了婚的朋友们都开心吗?"

我笑了起来,说:"八成以上都有怨言,抱怨着婚姻很像在打怪,才刚打完这个关卡,马上又有下一个关卡出现,在一边抱怨之中,一边把婚姻生活过下去。尤其当两人走到冰点时,还会期待有场外遇,有些已婚当太太的朋友甚至说,这场婚姻只是让她交男友时,有了被捉奸的可能。"

结婚成家,也戴上了一个枷,有苦有甜。生活绝对不可能日日春,却可能关关难过,还得力拼关关过。

我所揭露的婚姻生活既残酷又真实,雪儿惊呆了,想了一会儿才终于开口说:"那我还是先好好拼事业算了。"

我告诉她:"也可以啊!总之,不用怕人生的风雨,有风有雨的才是人生。不管结婚或者单身,都有自己的难题要解决，只是单身者往往只要控制好自己就好。结婚后，另外一半常常是不受控的，但出问题时可得一起承担，好处则是结婚符合了社会的期待。"

雪儿忍不住疑惑地问："我的家人都会逼我快点结婚。你家人不会逼你吗？"

"从来没有逼过呀！我妈妈还常常说她很羡慕我，说像我这样可以自己赚钱，不用伸手向别人要钱、看人脸色，真的很好。"家家有本难念的经，我家倒是跳过了"逼婚"这本经文，给了我自由自在、随喜圆满的空间。

雪儿点点头，没开口，似乎陷入了沉思。

三个字送给你："爱自己"

我像是要给她一点结语，也像是再次提醒自己："不管你选择单身或者婚姻，记得一件事情：人是自私的动物，照顾好自己，不要给别人添麻烦，别人才会爱你。当你成为别人的负担时，就算他不嫌弃你，他的家人也会有很多意见。好好爱自己，才会有人爱你。"

这一段话，我是对着雪儿说，也是告诉正看这本书的你。好好爱自己，才会有人爱你。

不用怕人生的风雨，有风有雨的才是人生。